三聯學術

# 自由意志
## 古典思想中的起源

〔德〕迈克尔·弗雷德 著 〔美〕安东尼·朗 编
陈 玮 徐向东 译

Classics & Civilization

生活·讀書·新知 三联书店

Simplified Chinese Copyright © 2022 by SDX Joint Publishing Company.
All Rights Reserved.
本作品简体中文版权由生活·读书·新知三联书店所有。
未经许可，不得翻印。

**图书在版编目（CIP）数据**

自由意志：古典思想中的起源／（德）迈克尔·弗雷德著；（美）安东尼·朗编；陈玮，徐向东译．—北京：生活·读书·新知三联书店，2022.6
（古典与文明）
ISBN 978－7－108－07356－3

Ⅰ．①自⋯　Ⅱ．①迈⋯　②安⋯　③陈⋯　④徐⋯
Ⅲ．①自由意志－研究　Ⅳ．① B82-02

中国版本图书馆 CIP 数据核字（2022）第 010277 号

© 2011 The Regents of the University of California
Published by arrangement with University of California Press

| | |
|---|---|
| 文字编辑 | 洪思敏 |
| 责任编辑 | 王晨晨 |
| 装帧设计 | 薛　宇 |
| 责任印制 | 宋　家 |
| 责任校对 | 曹秋月 |
| 出版发行 | 生活·讀書·新知 三联书店 |
| | （北京市东城区美术馆东街 22 号 100010） |
| 网　　址 | www.sdxjpc.com |
| 图　　字 | 01-2017-6884 |
| 经　　销 | 新华书店 |
| 印　　刷 | 三河市天润建兴印务有限公司 |
| 版　　次 | 2022 年 6 月北京第 1 版 |
| | 2022 年 6 月北京第 1 次印刷 |
| 开　　本 | 880 毫米×1092 毫米　1/32　印张 8.25 |
| 字　　数 | 162 千字 |
| 印　　数 | 0,001－4,000 册 |
| 定　　价 | 58.00 元 |

（印装查询：01064002715；邮购查询：01084010542）

# "古典与文明"丛书
# 总 序

## 甘阳 吴飞

古典学不是古董学。古典学的生命力植根于历史文明的生长中。进入21世纪以来,中国学界对古典教育与古典研究的兴趣日增并非偶然,而是中国学人走向文明自觉的表现。

西方古典学的学科建设,是在19世纪的德国才得到实现的。但任何一本写西方古典学历史的书,都不会从那个时候才开始写,而是至少从文艺复兴时候开始,甚至一直追溯到希腊化时代乃至古典希腊本身。正如维拉莫威兹所说,西方古典学的本质和意义,在于面对希腊罗马文明,为西方文明注入新的活力。中世纪后期和文艺复兴对西方古典文明的重新发现,是西方文明复兴的前奏。维吉尔之于但丁,罗马共和之于马基雅维利,亚里士多德之于博丹,修昔底德之于霍布斯,希腊科学之于近代科学,都提供了最根本的思考之源。对古代哲学、文学、历史、艺术、科学的大规模而深入的研究,为现代西方文明的思想先驱提供了丰富的资源,使他们获得了思考的动力。可以说,那个时期的古典学术,就是现代西方文明的土壤。数百年古典学术的积累,是现代西方文明的命脉所系。19世纪的古典学科建制，只不过是这一过程的结果。随着现代研究性大学和学科规范的确立，一门规则严谨的古典学学科应运而生。但我们必须看到，西方大学古典学学科的真正基础，乃在于古典教育在中学的普及，特别是拉丁语和古希腊语曾长期为欧洲中学必修，才可能为大学古典学的高深研究源源不断地提供人才。

19世纪古典学的发展不仅在德国而且在整个欧洲都带动了新的一轮文明思考。例如，梅因的《古代法》、巴霍芬的《母权论》、古朗士的《古代城邦》等，都是从古典文明研究出发，在哲学、文献、法学、政治学、历史学、社会学、人类学等领域带来了革命性的影响。尼采的思考也正是这一潮流的产物。20世纪以来弗洛伊德、海德格尔、施特劳斯、福柯等人的思想，无不与他们对古典文明的再思考有关。而20世纪末西方的道德思考重新返回亚里士多德与古典美德伦理学，更显示古典文明始终是现代西方人思考其自身处境的源头。可以说，现代西方文明的每一次自我修正，都离不开对古典文明的深入发掘。正是在这个意义上，古典学绝不仅仅只是象牙塔中的诸多学科之一而已。

由此，中国学界发展古典学的目的，也绝非仅仅只是为学科而学科，更不是以顶礼膜拜的幼稚心态去简单复制一个英美式的古典学科。晚近十余年来"古典学热"的深刻意义在于，中国学者正在克服以往仅从单线发展的现代性来理解西方文明的偏颇，而能日益走向考察西方文明的源头来重新思考古今中西的复杂问题，更重要的是，中国学界现在已经超越了"五四"以来全面反传统的心态惯习,正在以最大的敬意重新认识中国文明的古典源头。对中外古典的重视意味着现代中国思想界的逐渐成熟和从容,意味着中国学者已经能够从更纵深的视野思考世界文明。正因为如此,我们在高度重视西方古典学丰厚成果的同时,也要看到西方古典学的局限性和多元性。所谓局限性是指,英美大学的古典学系传统上大多只研究古希腊罗马,而其他古典文明研究如亚述学、埃及学、波斯学、印度学、汉学以及犹太学等,则都被排除在古典学系以外而被看作所谓东方学等等。这样的学科划分绝非天经地义,因为法国和意大利等的现代古典学就与英美有所不同。例如,著名的西方古典学重镇,韦尔南创立的法国"古代社会比较研究中心",不仅是古希腊研究的重镇,而且广泛包括埃及学、亚述学、汉学乃至非洲学等各方面专家,在空间上大大突破了古希腊罗马的范围。而意大利的古典学研究,则由于意大利历史的特殊性,往往在时间上不完全限于古希腊罗马的时段,而与中世纪及文艺复兴研究多有关联(即使在英美,由于晚近以来所谓"接受研究"成为古典学的显学,也使得古典学的研究边界越来越超出传统的古希腊罗马时期)。

从长远看,中国古典学的未来发展在空间意识上更应参考法国古典学,不仅要研究古希腊罗马,同样也应包括其他的古典文明传统,如此方能参详比较,对全人类的古典文明有更深刻的认识。而在时间意识上,由于中国自身古典学传统的源远流长,更不宜局限于某个历史时期,而应从中国古典学的固有传统出发确定其内在核心。我们应该看到，古典中国的命运与古典西方的命运截然不同。与古希腊文字和典籍在欧洲被遗忘上千年的文明中断相比较，秦火对古代典籍的摧残并未造成中国古典文明的长期中断。汉代对古代典籍的挖掘与整理，对古代文字与制度的考证和辨识，为新兴的政治社会制度灌注了古典的文明精神，堪称"中国古典学的奠基时代"。以今古文经书以及贾逵、马融、卢植、郑玄、服虔、何休、王肃等人的经注为主干，包括司马迁对古史的整理、刘向父子编辑整理的大量子学和其他文献，奠定了一个有着丰富内涵的中国古典学体系。而今古文之间的争论，不同诠释传统之间的较量，乃至学术与政治之间错综复杂的关系，都是古典学术传统的丰富性和内在张力的体现。没有这样一个古典学传统，我们就无法理解自秦汉至隋唐的辉煌文明。

从晚唐到两宋，无论政治图景、社会结构，还是文化格局，都发生了重大变化，旧有的文化和社会模式已然式微，中国社会面临新的文明危机，于是开启了新的一轮古典学重建。首先以古文运动开端，然后是大量新的经解，随后又有士大夫群体仿照古典的模式建立义田、乡约、祠堂，出现了以《周礼》为蓝本的轰轰烈烈的变法；更有众多大师努力诠释新的义理体系和修身模式，理学一脉逐渐展现出其强大的生命力，最终胜出，成为其后数百年新的文明模式。称之为"中国的第二次古典学时代"，或不为过。这次古典重建与汉代那次虽有诸多不同，但同样离不开对三代经典的重新诠释和整理，其结果是一方面确定了十三经体系，另一方面将"四书"立为新的经典。朱子除了为"四书"做章句之外，还对《周易》《诗经》《仪礼》《楚辞》等先秦文献都做出了新的诠释，开创了一个新的解释传统，并按照这种诠释编辑《家礼》，使这种新的文明理解落实到了社会生活当中。可以看到，宋明之间的文明架构，仍然是建立在对古典思想的重新诠释上。

在明末清初的大变局之后，清代开始了新的古典学重建，或可称为"中国的第三次古典学时代"：无论清初诸遗老，还是乾嘉盛时的各位大师，虽然学问做法未必相同，但都以重新理解三代为目标，以汉宋两大古典学传统的异同为入手点。在辨别真伪、考索音训、追溯典章等各方面，清代都取得了巨大的成就，不仅成为几千年传统学术的一大总结，而且可以说确立了中国古典学研究的基本规范。前代习以为常的望文生义之说，经过清人的梳理之后，已经很难再成为严肃的学术话题；对于清人判为伪书的典籍，诚然有争论的空间，但若提不出强有力的理由，就很难再被随意使用。在这些方面，清代古典学与西方19世纪德国古典学的工作性质有惊人的相似之处。清人对《尚书》《周易》《诗经》《三礼》《春秋》等经籍的研究，对《庄子》《墨子》《荀子》《韩非子》《春秋繁露》等书的整理，在文字学、音韵学、版本目录学等方面的成就，都是后人无法绕开的必读著作，更何况《四库全书总目提要》成为古代学术的总纲。而民国以后的古典研究，基本是清人工作的延续和发展。

我们不妨说，汉、宋两大古典学传统为中国的古典学研究提供了范例，清人的古典学成就则确立了中国古典学的基本规范。中国今日及今后的古典学研究，自当首先以自觉继承中国"三次古典学时代"的传统和成就为己任，同时汲取现代学术的成果，并与西方古典学等参照比较，以期推陈出新。这里有必要强调，任何把古典学封闭化甚至神秘化的倾向都无助于古典学的发展。古典学固然以"语文学"（philology）的训练为基础，但古典学研究的问题意识、研究路径以及研究方法等，往往并非来自古典学内部而是来自外部，晚近数十年来西方古典学早已被女性主义等各种外部来的学术思想和方法所渗透占领，仅仅是最新的例证而已。历史地看，无论中国还是西方，所谓考据与义理的张力其实是古典学的常态甚至是其内在动力。古典学研究一方面必须以扎实的语文学训练为基础，但另一方面，古典学的发展和新问题的提出总是与时代的大问题相关，总是指向更大的义理问题，指向对古典文明提出新的解释和开展。

中国今日正在走向重建古典学的第四个历史新阶段，中国的文明复兴需要对中国和世界的古典文明做出新的理解和解释。客观地说，这一轮古典学的兴起首先是由引进西方古典学带动的，刘小枫和甘阳教授主编的"经典与解释"丛书在短短十五年间（2000—2015年）出版了三百五十余种重要译著，为中国学界了解西方古典学奠定了基础，同时也为发掘中国自身的古典学传统提供了参照。但我们必须看到，自清末民初以来虽然古典学的研究仍有延续，但古典教育则因为全盘反传统的笼罩而几乎全面中断,以致今日中国的古典学基础以及整体人文学术基础都仍然相当薄弱。在西方古典学和其他古典文明研究方面,国内的积累更是薄弱,一切都只是刚刚起步而已。因此,今日推动古典学发展的当务之急,首在大力推动古典教育的发展,只有当整个社会特别是中国大学都自觉地把古典教育作为人格培养和文明复兴的基础,中国的古典学高深研究方能植根于中国文明的土壤之中生生不息茁壮成长。这套"古典与文明"丛书愿与中国的古典教育和古典研究同步成长!

2017年6月1日于北京

献给挚爱的维吉尔——

"一切诗人的光芒与尊荣啊……"

——但丁,《地狱》

# 目 录

序　言　戴维·塞德利　i

编者前言　安东尼·朗　v

第一章　导论　1

第二章　亚里士多德：不涉意志的选择　23

第三章　意志概念的发生：斯多亚学派　38

第四章　意志概念的发展：晚期柏拉图主义与漫步学派　61

第五章　自由意志概念的发生：斯多亚学派　82

第六章　批评与回应：柏拉图主义者与漫步学派　108

第七章　奥利金：早期基督教的自由意志观　124

第八章　普罗提诺：回应斯多亚式的自由意志概念　154

第九章　奥古斯丁：一种全新的自由意志概念？　188

第十章　结论　215

缩略语　220

参考文献　222

索　引　225

译后记　232

# 序 言

2007年，迈克尔·弗雷德的英年早逝标志着古代哲学研究领域中一个长达四十年的时代宣告结束，弗雷德在其中留下了鲜明的个人印记。这一印记主要来自他的思想形象。在哥廷根（1966—1971）、伯克利（1971—1976）、普林斯顿（1976—1991）、牛津（1991—2005）以及最后在雅典（2005—2007）的那几年，他一直吸引着更为年轻的学者，其中很多人如今已成为该领域的领军人物。对于这些学者（以及其他人）来说，弗雷德在各种热烈的哲学讨论中所使用的辩证对话方法为他们树立了富有激励性的榜样——只要有了足够的咖啡和香烟，这些对话和讨论就能无限制地继续下去。对于从前那些数不清的学生，他总是给予支持，其中很多人都继承了他的学术精神和风格。

不过，在更大的范围内，弗雷德的影响主要来自其学术著作。这些著作从他那部关于柏拉图《智者》的开创性研究专著《谓述与存在陈述》（*Pradikation und Existenzaussage*，1967）开始，继而包括：一本讨论斯多亚逻辑学的卓越专著（1974），对亚里士多德《形而上学》第七卷的著名评注（1988，与冈瑟·帕齐克合著），数不清的论文、篇章，三本由他主编的作品集，一部译著（盖仑《论科学之本性的三篇研究》，与理查德·沃尔泽合译），以及一卷重新刊行的论文集（1987，其他各卷在他去世之后陆续编辑出版）。本书进一步扩展了弗雷德的非凡著作文库，甚至可以说使之得以圆满完成。

希腊罗马哲学兴盛了十二个世纪，对于其间各位思想家或重要论题的理解，还少有未经弗雷德的著作加以充实的。若在此详尽列举的话或许过于冗长，不过其中包括：柏拉图以及对话形式，亚里士多德范畴理论及形而上学，斯多亚学派的逻辑、语法、伦理学以及知识论，皮浪主义的怀疑论，以及盖仑的神学——这些例子最为恰当地说明了，对上述主题的理解已经被弗雷德的研究（如今已成为经典）永久地改变了。我的意思并不是说他彻底解决了历史和评注方面的主要问题，也不是说他的观点通常不会引发新的争议，而是说他的榜样和贡献显著地澄清了上述问题并提升了争论的层次，引入了全新的视角和新的解读可能。

弗雷德曾于1997—1998年受邀前往他曾经任教的学校——加州大学伯克利分校担任第84位古典学方向的萨瑟讲席教授。该教席要求任职者做六次讲座，并收入加州大学出版社的萨瑟古典学讲座系列出版。该系列的著名作品还包括多兹（E. R. Dodds）的《希腊人与非理性》（1951）和伯纳德·威廉斯（Bernard Williams）的《羞耻与必然性》（1993，*Shame and Necessity*）。就像托尼·朗（Tony Long）*在本书

---

\* 安东尼·朗（A. A. Long）的朋友、同事和学生通常称他为"托尼"。——译者注（凡以此星号标示的均为译者注，全书同，不再一一注明。）

编者前言中所说，尽管听众对这些讲座的反响极好，但弗雷德依然觉得，在进一步发展其研究之前，上述讲座内容还没有达到可以发表的程度。但是本书读者很快就会发现，他遗留下来的这些讲稿已经充分展现出其著作中一直备受推崇的那种才华与深度。

关于意志（或者更具体地说，自由意志）概念的起源，人们一直争论不休，而结论的不确定反映出概念本身在哲学上的不确定。弗雷德的策略是要避免对这一术语的确切意义做出任何初始预设，而要从文本得出他自己的理解。因此他就把亚里士多德放在一边（不过，他简要地论述亚里士多德的这个章节往往也很有启发性），而将焦点锁定在斯多亚学派。他论证说，正是在爱比克泰德这里，斯多亚学派早期的"赞同"（assent）理论，经由一个新发展的、关于"内在生活"（inner life）的概念加以丰富和扩充，产生出第一个我们能够可靠地认作是"自由意志"的哲学概念。弗雷德此前关于斯多亚学派心理学的大量研究都可以有效地用来捍卫这个结论。本书的后几章则致力于表明，这个根本性的斯多亚式概念，尽管不能以未经修改的形式被柏拉图主义和亚里士多德主义接纳，最终却成为基督教学说的一部分。

这本书有可能成为哲学史编纂学（historiography of philosophy）的一个里程碑，不仅如此，它还呈现了迈克尔·弗雷德在其最出色的写作中经常显露出来的那种魔力。他曾经跟我说过，他最早学到的教训之一，就是不要把那些在根本上简单清楚的事情修饰得太复杂。而在本书的正文中，我们将会再一次看到他的这种能力：不带任何矫饰地给出一个极富启发性的视角，同时又伴随着明澈、耐心以及深刻犀利的视野，令人着迷。

戴维·塞德利

# 编者前言

本书是由迈克尔·弗雷德于1997年至1998年秋季学期作为加州大学伯克利分校第84位萨瑟古典学讲席教授所做的六次讲座编辑而成。弗雷德为其系列讲座取题为"意志概念的思想起源"。当时在校的师生积极参与了这些讲座并给予极大的热情和好评。古典学系热切地想要将这些讲稿出版，就只待弗雷德本人同意，但是他坚持认为，在出版之前，还需要对其他几位古代作者和相关论题加以讨论。这种完美主义完全是合宜的，直到2007年夏季，我们依然希望能够从他那里得到文稿，以便交付加州大学出版社。后来，同年8月11日，在参加于希腊德尔斐举办的每三年召开一次的希腊化时期哲学论坛期间，弗雷德在柯林斯湾游泳时不幸意外身故。

何其遗憾，由于弗雷德的英年早逝，我们永远不会知道他会如何增补和修改这些讲稿了。在萨瑟讲座之后的数年里，弗雷德在与我的交谈中曾经极其兴奋地谈到他对信者马克西姆（Maximus the Confessor）和圣约翰金口（John Chrysostomos）的兴趣。本书的参考文献显示，弗雷德在2002年发表了一篇非常重要的论文，名为《大马士革的约翰论人类行动、意志与人类自由》。我们可以非常确定，他本来是要将对意志的研究扩展到拜占庭哲学和神学领域的。虽然他本人不打算出版其讲座手稿，但是正如本书所显示的，这些手稿已然形成了一部完全连贯且结构精巧的著作。

我很幸运，认识迈克尔·弗雷德已有三十年。因此，当他的伴侣卡特里娜·伊奥莱狄亚克努（Katerina Iorediakonou）邀我来编辑这些讲稿时，我立刻就同意了。当然，我也意识到这项工作会十分棘手。弗雷德对古代哲学的把握，无论就其广博还是精微而言，都是出了名的。而他的萨瑟讲座更是涉及教父哲学，我本人对这个领域实在是不擅长。不过我知道，当文献材料超出我自己熟悉的范围时，我可以寻求他人的帮助。在编纂这些注释的时候（注释并不在原始文稿之内），我请教了以下诸位朋友：阿兰·寇德（Alan Code）、约翰·迪隆（John Dillon）、多萝西娅·弗雷德（Dorothea Frede）、詹姆斯·汉金森（James Hankinson）、詹姆斯·奥多奈尔（James O'Donnell）以及罗伯特·夏普斯（Robert Sharples）。我要特别感谢乔治·波埃斯-斯通（George Boys-Stones），因为他主要负责编纂了第七章（关于奥利金）的注释。我还要感谢我的同事马克·格里菲思（Mark Griffith），他撰写了萨瑟委员会关于这本书的推荐报告，向加州大学出版社推荐本书，并给予我若干建议和修改意见，我很乐意接受这些意见。

就像弗雷德在第一讲（本书第一章）中提到的，在相当大的程度上，他将这份研究计划看作是在回应其同胞阿尔布莱希特·迪勒（Albrecht Dihle）于1974年所做的萨瑟讲座以及于1982年出版的同名著作《古典时期的意志理论》(*The Theory of Will in Classical Antiquity*)。虽然弗雷德充分承认迪勒的博学,但他依然挑战了前辈的观点,即奥古斯丁是自由意志概念的实际创造者。在弗雷德看来,晚期斯多亚学派(以爱比克泰德为代表)才是推动自由意志概念发展的主要人物,而奥古斯丁本人则是这个斯多亚式概念的主要受益者之一。

我此前已经提到,弗雷德将其系列讲座命名为"意志概念的思想起源"。实际上,就像他在本书导论中所表明的,他最关心的是自由意志概念的思想起源。在编辑这本书的时候,我决定用"自由意志"而不仅仅是"意志",来作为全书的标题,这样会恰当得多。我还将他书稿中的前三章(编排得相当冗长和紧凑)改编为本书前六章。第一、第三和第五章保留了弗雷德讲座中原有的标题,第七至九章也是如此。而第二、第四和第六章则使用了我新拟的标题,内容是弗雷德在书稿前三章中每一章后半部分所包含的材料。

在编辑这些材料时,我主要的考虑在于令句子和段落尽可能通顺,同时还要尊重弗雷德本人的口吻。在少数情况下,我不太确定他的意思,我会在注释中指出这些情况。我所做的改动大多都是关于标点、句法和词序方面的,删去句子开头大量的"现在"(now)或者"然后"(and)之类的词,删除了一些重复的地方——这些重复在讲座中的效果很好,在阅读文本时则不然。此外我还在段落的中间插入了一些副标题或空白,以此缓和部分文章的密度。在编辑工作方面，伯克利的研究生南迪尼·潘戴（Nandini Pandey）给了我很大帮助，她上传了初步编辑的文稿并且发现了很多被我漏掉的当改之处。我还要感谢另一位伯克利的研究生戴维·克瑞恩（David Crane），在编辑书稿的初期，他和我一起阅读了部分文稿，并且为编辑工作提出了有益的建议。

弗雷德在大部分著作中都很少使用注释，也很少提及学术文献。本书则多少有些不同：很多朋友鼓励我为弗雷德的文本增加注释，其中我要特别感谢查尔斯·布理丹（Charles Brittain）。弗雷德的著作具有如此卓越的品质和如此广博的兴趣，它应该拥有广泛的读者。我编纂了本书的注释和参考文献，尽管其范围和数量仅算适中，但我依然希望它们能为那些不甚熟悉本书材料，但仍想进一步加以了解的读者提供帮助，弗雷德本人应该也会抱有同样的期望。

安东尼·朗

# 第一章

# 导 论

"自由意志"（free will）是我们从古代思想中继承下来的概念。在古代时期，人们开始认为人类具有自由意志。不过，既然我们还从古代思想中继承了很多其他概念（比如本质、目的因等），那我们就必须问问自己，自由意志概念如今是否依然有用？是否变成了一个负担而并不能真正有助于我们理解自身和我们的行动？当代哲学家大多摒弃自由意志的概念，倘有为数不多的人想要说明什么叫作"有自由意志"，其尝试似乎也总是令人沮丧。在这种情况下，我们需向前追溯，看看自由意志这个概念的最初提出是要满足何种目的，看看它被认为能给我们的理解带来何种帮助，看看它是不是从产生之初就有缺陷（这当然都是从事后来看了），这样做或许能够带来一些帮助。

正是本着这样的宗旨，我在这几次讲座中想要探寻以下问题："在古代，人们从何时开始将人类看成具有自由意志？为什么有人会这么想？当有人开始这样来看待人类时，他使用的是怎样的自由意志概念？"不过，如此提问其实也就是对于自由意志概念的真正本质做出了一个实质性的假设。我假定并且将会表明：这个概念在其创生之初是一个技术性的、哲学性的概念，它对于我们自身以及这个世界已经做出了相当确切且绝非无关紧要的假设。正是出于这个原因，我假定它具有某种可以识别的历史来源。

与此相反，学者们至今都未采纳这一观点。他们始终假定，自由意志概念是一个日常概念，仅仅是普通人思考事物所使用的概念之一，肯定也是古希腊人一向用来思考事物的概念之一。按照这个假设，当然也就没有必要去追问，古代人是从何时开始认为人类具有自由意志。

有人认为希腊人一直都将人类看作是具有自由意志的，这个假定在今天肯定令人吃惊。因为，如果看看荷马以降及至亚里士多德之后的希腊文献，我们不会找到任何有关自由意志的线索——更别说直接提到自由意志了。尤其值得注意的是，柏拉图，特别是亚里士多德，本来有很多机会可以提及自由意志，但是在他们的作品中却没有任何迹象。学者们确实注意到了这一点并且多少感到困惑。但是他们并未想到去引出一个看起来很明显的推断：柏拉图和亚里士多德并没有自由意志的概念，而且正是出于这个原因，他们没有讨论自由意志。像罗斯（W. D. Ross）这样著名的学者可能会指出，柏拉图和亚里士多德都没有提到"意志"（will），更别提"自由意志"了。但是，甚至罗斯也推断说，我们必须假定亚里士多德——以下是罗斯的原话——"也像普通人那样相信自由意志"。[1] 而且他认为，

---

[1] W. D. Ross, *Aristotle* (London, 1923), 201.（本书大部分注释为编者安东尼·朗所做的补注。作者迈克尔·弗雷德所做的原注将标示下划线作为区分。——译者）

亚里士多德之所以未能明确提到自由意志，是因为亚里士多德对这个问题想得不够努力也不够仔细，所以未能对"具有自由意志是指什么"给出一个哲学论述。

但是我们为什么要首先假设亚里士多德相信有自由意志呢？为了理解罗斯以及更早的学者所提出的这个假设，我们就得考虑如下内容。我们先假设有这样一个事实，即至少在某些时候，当我们做某些事情的时候，我们为我们的所作所为负责，因为没有其他事物或其他人强迫我们这样做。相反，我们自己渴望（desire），甚至选择（choose）或决定（decide）要这样做。我们再来假设（因为这样假设相当合理），这就是希腊人一直以来所相信的观点。亚里士多德肯定也认为这是事实。自由意志的概念原来是在某种特定理论的语境中被引入的，这就是晚期斯多亚学派的理论，它用其特有的方式来说明这个假定事实。但是，一旦这个概念被引入斯多亚学派的思想中，其他竞争性的理论（无论是漫步学派还是柏拉图主义者）也就各自发展了与其总体理论相契合的、不同版本的自由意志概念。事实上，这也是基督教徒特别热衷的概念。而且，在很大程度上，由于主流基督教的影响，这个概念以这样或那样的形式而几乎被普遍接受。无论是信奉斯多亚主义、柏拉图主义还是主流基督教，人们都普遍相信存在自由意志。哪怕他们自己不能给出一个理论性的论述来说明自由意志是什么，他们也依然相信这样一种论述是可能的。这就导致了一个后果，即仅仅持有一个假设就被认为等同于相信自由意志。这个假设就是，我们在某些时候要对自己的行动负责，因为我们并不是由于受到了强迫而这样做，而是由于我们自己想要这么做。由此，我们就很容易达到下一个假设，即"自由意志"概念只不过是一个日常概念，相应的哲学理论之所以出现，只是为了在理论上说明具有自由意志究竟是怎么回事。罗斯正是由于这个缘故而假设亚里士多德和普通人一样都相信存在自由意志，却未能对此给出一个理论说明。

不过，在我看来很清楚的是，我们应该小心区分"对自由意志的信念"和下面这个日常信念，即至少某些时候我们要对自己的行动负责，因为我们不是被强迫或是被动地以这种方式行动，而是真正想要甚至选择或决定以这种方式行动。对我们的日常信念的某些理论说明，就涉及了对自由意志的信念。但是，后者并不等同于那个日常信念。在我看来，对于那些虽然承诺这个日常信念，却并未诉诸自由意志概念来予以说明的哲学家而言，亚里士多德是一个很好的榜样。因此，既然亚里士多德甚至都没有提到自由意志，那我们就应该假设他还不具有一个自由意志概念。

这一点如今也为学者们普遍接受。学界意见的这种转变在很大程度上要归于如下事实：哲学讨论——例如我们在吉尔伯特·赖尔（Gilbert Ryle）的《心的概念》（*The Concept of Mind*）一书中所看到的那种讨论——已经令学者们相信，自由意志概念往好了说是一个极富争议的概念。[2]考虑到这一点，我们就不再因为亚里士多德没能提到"自由意志"而感到困惑，相反，很多人注意到这一点时还立刻松了一口气。

一旦我们最终看到，希腊人并不是一直都具有自由意志概念，而且甚至在亚里士多德那里我们也没有发现这个概念，那么问题自然就产生了：自由意志概念是什么时候出现的？于是，近来有更多的学者已着手探讨这个问题。

迄今为止，为了解答这个问题，最重要的尝试要数阿尔布莱希特·迪勒于1974年所做的萨瑟讲座了，该系列讲座的讲稿由加州大学出版社于1982年出版，书名为《古典时期的意志理论》。这本书如今依然是关于该主题的最重要的研究著作。人们肯定会佩服书中所体现的广博学识和深刻洞见。不过，就算有读者无法完全消化迪勒所展现的学识，他也免不了被这样一个事实震撼：迪勒用一个论述构造了他的整部著作，而该论述恰好聚焦于一个十分具体的自由意志概念。迪勒意图揭示并予以阐明的，正是自由意志这个概念的起源。他称其为"我们现代的意志概念"（our modern

---

[2] 在《心的概念》（London，1949）第三章，赖尔不只是打算反驳一个自由意志概念，而且首先是打算反驳如下概念：存在着任何可称为"意志"的精神能力。伯纳德·威廉斯在《羞耻与必然性》（1993；Berkeley 2008重印）第二章论证说，荷马史诗中没有"意志"概念，这值得庆祝而不该对此感到遗憾。威廉斯的著作也是在他1989年于伯克利所做的萨瑟讲座的基础上修订而成。

notion of will)。[3]这必然会激起两种反应。

首先,我们应当质疑"我们现代的意志概念"这个说法,尤其是迪勒假设这个意志概念就是某种自由意志概念。[4]从前面所说来看,他几乎没有足够的理由去假设,存在着一个我们都会具有的意志概念,以及一个相应的自由意志概念。迪勒的说法产生了一个暗示,好像从历史上的某个时刻到现在,我们就在共同使用某个意志概念,尽管它并非一直存在。但是看起来真实情况并不是这样。当然,如果我们已经恰当地理解了意志是什么,那么他完全有理由持有一个关于我们所有人该如何或者会如何设想意志的观点。但是,如果我们接着更为仔细地考察迪勒关于"意志"不得不提出的说法,那么我们就会看到,自由意志概念相当危险地

---

[3] 弗雷德的文稿说到,"迪勒称之为'我们的意志概念'",但是我在迪勒的书中尚未找到这个确切的表达。在其著作主体部分的最后一页,迪勒写道:"事实上,奥古斯丁发明了我们现代的意志概念。"(Dihle, *The Theory of Will in Classical Antiquity* [Berkeley, 1982, 144])对迪勒的进一步讨论和批评,参见 C. H. Kahn, "Discovering the Will: From Aristotle to Augustine", in J. M. Dillon and A. A. Long, eds., *The Question of "Eclecticism": Studies in Later Greek Philosophy* (Berkeley, Calif., 1988), 236-238;以及 J. Mansfeld, "The Idea of the Will in Chrysippus, Posidonius, and Galen," *Proceedings of the Boston Area Colloquium in Ancient Philosophy* 7 (1991): 108-110。

[4] 弗雷德把迪勒关于"意志"的大部分讨论看成是关于"自由意志概念"的讨论,我认为在这一点上他是对的,但是迪勒其实并没有说这么多。相比于"自由意志",他更倾向于用"纯粹意志"(pure will)、"绝对意愿"(sheer volition)或"清晰的意志概念"(clear-cut notion of will)这样的说法。不过,弗雷德的解读可以从迪勒"古希腊人关于人类行动的观点 I"一章的结尾获得有力支持,迪勒写道:"按照奥古斯丁的人类学,自由意志并非本身就存在 [于这个古希腊观点中]。"(*Theory of Will*, 45)

接近于那类一直以来备受哲学家攻击的概念，即一个被认为切合如下假定事实的概念：我们可以通过绝对意愿来行动，可以通过绝对地施展意志来行动。

其次，恰恰是"我们现代的意志概念"这个说法很好地提醒了我们，历史上其实有各种版本的"自由意志"概念，它们都被看成是"我们的"概念，却与迪勒所偏爱的概念之间存在实质性的差别。这种差别部分在于，就像迪勒所说，这些概念过于"唯理智论"（intellectualistic）而不够"唯意志论"（voluntaristic）。[5]迪勒几乎没怎么讨论这些概念就将它们全部打发了（有的甚至没有加以讨论），因为它们不能算作他所认为的符合我们理解的那种意志概念。

在我看来，迪勒确实为我们理解某种特定的"自由意志"概念的历史起源做出了重要贡献，而这种自由意志概念如今依然流传广泛，而且很多人可能会认为，它才算是把握住了我们设想一般而论的"意志"的方式。但是我的目标与迪勒的目标完全不同。我并不想阐明我们可能具有的某种特定的自由意志概念的思想来源，更别说是某个我自己喜欢的概念了。因为我认为自己的研究是纯粹历史性的。我不想让这项研究依赖于某个至多也就被看作哲学上颇富争议的自由

---

[5] 弗雷德大概是指迪勒《意志理论》一书中的如下段落：第15—16页，第51页，第63—65页，第134—135页；尤其是第20页："'意志'这个词……在用于描述和评价人类行动时，指的是绝对意愿，不管它是在认知中还是在情感中有其来源。"迪勒的兴趣主要在于论证早期基督教神学家为了表达一个人对上帝的个人承诺而发展了一套新的心理学和人类学。

意志概念，不想让它受到这样一个概念的塑造和影响。相反，就像我在一开始所提到的，我感兴趣的是，首先，努力去发现自由意志概念是在什么时候、出于什么原因出现的，以及这是一个什么样的概念。其次，我要追踪这个概念的历史，看看在它所引起的古代讨论中，它是否有所改变，以及如何发生改变。我希望，由此我们也能鉴别出迪勒所采取的自由意志概念的最初版本，或者就此而言任何一个后来的自由意志概念的最初版本。正是在这个意义上，我计划讨论自由意志概念的思想起源。

现在，尽管我并不预设某个特定的自由意志概念，更无意主张或提倡某个特定的自由意志概念，但是我确实依赖于某种类似于"自由意志的普遍观点"的东西，某种类似于图式（schema）的东西，即任何一种特定的自由意志概念或者任何特定版本的自由意志概念（至少在古代）都适用的图式。为了获得这种普遍观点或图式，我依靠的不是某种有关"自由意志概念必定是什么样子"的哲学观点，而是历史回顾所带来的益处。这就是说，我阅读了相关的古代文本，并且从这些明确探讨意志、意志自由或自由意志的文本中抽取出这个图式。在获得这样一个图式的同时，我们至少会对如下问题有一个大致的想法：在探究自由意志概念的思想来源时，我们究竟是在寻找什么？在这个过程中，我们不必采取任何有关自由意志究竟是什么的特定观点，无论这一观点是古代的还是现代的。

所以这就应该很清楚了:为了具备这样的概念,我们首先必须具备某种意志概念。从历史事实来看,意志概念不一定是"自由的意志"的概念。无论如何,为了具有自由意志的概念,我们不仅必须具备意志的概念,也必须具备自由的概念。这些意志和自由的概念必须能够让我们可以合情合理地说,我们具有一个自由的意志。

为了获得这样一个意志概念,我们必须做出如下假设:除非一个人是在严格意义上被强制或被迫使以这样一种方式去做某件事,以至于他的所作所为不能算作他自己的行动(比如一个人由于自己被推倒从而推倒了某件物品),否则他之所以做出这个行动,就是由于出现在其心灵中的某个东西使他如此行动。不仅如此,我们还必须假设,出现在一个人心灵中、使他做出一个行动的东西,就是他以这种方式行动的选择或决定。或者,我们至少必须假设,在他的心灵中正在发生某种变化,这种变化可以被解释为形成了一个选择或决定。我们目前不需要担心这个限定或其含义。所以,举例来说,如果一个人感到饿或者想要找点东西吃,那他可能会,也可能不会选择或决定去吃东西。如果他后来确实吃了东西,那就是因为他选择或者决定了吃东西,因为他觉得饿了。

但是这个意志概念(至少在古代)涉及某种心灵(mind)概念,因此,哪怕一个人觉得饿了,这还是不能说明为什么他在吃东西。之所以有此假定,是因为,即使一个人确实觉得饿了或者确实想要吃东西,他依然可能选择或决定不吃任何东西，因为他认为当时吃东西不太好。一个人还有可能决定吃东西，尽管他并不觉得饿，而只是因为他觉得吃点东西比较好。但是无论如何，既然有一个属于他自己做出的行动，那么也就可以假定，在其心灵中有一个导致其行动的事件，即一个精神活动、一个选择或决定。于是，意志的概念就是做出选择或决定的能力的概念，而正是选择或决定让我们按照当下的方式去行动。对于这个意志概念来说，关键之处在于，这种能力在不同的人身上会有很大差别，因为不同的人不仅对于什么是好行动、什么是坏行动具有不同想法，而且对于不同的事物也具有极为不同的感受。正是由于这个缘故，不同的人在同一情境中才会做出完全不同的选择，并由此而做出完全不同的行动。对于这个意志概念来说，另一个关键之处则在于，这种能力是有待发展、培养和完善的。一个人可以越来越擅长做出选择，也可以越来越不擅长做选择。一个人能够选择或决定去改进自己的意志，改进自己做选择的能力。

古希腊语用来表示"意志"的标准词语是 *prohairesis*，其字面意思为"选择"或者"做出选择的倾向"。后来（特别是在拜占庭时期）用于表达这个意思的词是 *boulēsis*，特别是 *thelēsis*。标准的拉丁单词当然就是 *voluntas*。古希腊语用 *eleutheria* 这个词来表示与此相关的"自由"概念。这个词为我们提供了某种线索，让我们了解到，我们感兴趣的"自由"概念是如何被理解的。就像这个词本身所表明的，这个概念肯定是通过类比自由的政治概念而形成的。根据这个政治概念，当一个人是公民——而非奴隶——并生活在一个自由的政治共同体中（而不是，比如说，生活在一个受到僭主统治的共同体中），他就是自由的。这个政治概念是两面的：其特征一方面在于共同体公民的自我立法；另一方面则在于，对于一个自由公民来说，没有进一步的外部约束会彻底阻止他去做为了追求自身的善而合情合理地想去做的事，特别是阻止他去过自己合情合理地想去过的生活。关键在于，这种自由，用一种过分简化的形式来说，几乎总是被理解为某种免受外在约束的自由，这些约束超出了生活在一个政治共同体中所涉及的可接受的约束，而且会彻底阻碍一个人做出某种好生活所要求的行动。生活在一位僭主的统治下，身为一名奴隶，这些都被看成是受制于这样的约束，因为僭主和奴隶主显然会对一个人的行动施加约束，这就彻底阻碍了他拥有某种好生活——至少从对"好生活是什么"的某种传统理解来看，就是这样。

我们感兴趣的那种自由概念就是通过类比这种政治概念而形成的，但是，主要是出于政治和社会方面的缘由，它与该政治概念的确切联系从未得到最终确定。由于它是通过与政治概念的类比而形成的，也就沿袭了后者的两面性。因此，一个自由的人过上好生活的能力就被更确切地理解为这样一种能力，即在一种道德的意义上（我们可能忍不住这样说，尽管其实没有太大用处）拥有好生活的能力。对于自由的政治概念和这种个人概念之间的关系，尚缺乏清楚的说明，其中部分原因在于，我们对一个人在拥有政治上的自由的时候所能拥有的好生活，与一个人若拥有个人自由时所能拥有的好生活这二者之间的联系，尚缺乏清楚的说明。更不用说，古代哲学家都倾向于宣称，即便是生活在僭主治下或身为奴隶，一个人也还是能够过上好生活。

如果僭主或奴隶主给我们施加的约束，并不算那种能够彻底阻碍我们去做某些事情的限制——而这些事情是我们为了过上好生活而必须去做的，那么这种个人的自由概念所设想的外在约束又是什么呢？当我们再次过分简化的时候，我们就可以简单地给出如下回答：在自由意志概念出现的时候，也出现了不止一种相关的观点，其中一些则广为人知。根据这些观点，我们所生活的这个世界，或者至少是我们所生活的这个世界中的一部分，是由僭主、奴隶主或者他们这部分人统治的。我们不应该忘记，即使是像奥古斯丁或大马士革的约翰这样的基督徒也很容易认为，应当用"我们是上帝的奴隶"这一说法来描述我们与上帝的关系。现在，基督教的上帝是一位仁爱的行动者，他令他的奴隶有能力过上好生活。不过即使采取这个观点，在"我们是自由的"和"我们是奴隶"这两者之间也还是存在明显的张力——有人甚至可以说至少存在一个表面上的矛盾。不过还有很多其他的观点，根据这些观点，主导这个世界，或者主导我们这个月下世界（sublunary part）的存在者并不是仁爱的，他们也并不关心我们的福祉。

比如说，存在着某些所谓的"主导者"（archontes），也就是统治者或各星宿（planetary gods），他们统治着月下世界并决定其中的各种事端(包括我们的生命),以便契合他们的设计和理念,并为他们所设想的利益服务。[6]他们并不在意这对我们的生命有什么影响,也不在意对我们拥有或是过一种好生活的能力有什么影响。当然,他们也许会尽可能让我们过上好生活。对于这一点,同样有一种广为人知的观点——我们发现那些被称为"诺斯替主义者"的人(他们追随某些早期的基督教作者例如爱任纽[Irenaeus])会接受这种观点,该观点认为,创造了我们生活于其中的这个可见世界的行动者(工匠神[demiurge]或创造者)会追求其自身的利益,而不顾及这样做会给我们带来什么影响。他们认为这个行动者既没有智慧也没有善,而这一点从如下事实中就可以看出:它辨不清自己是神,并且需要人类的崇拜。如果诺斯替主义者持有这个观点,那么一般地说,这个观点似乎就结合了另一个观点,即这个神就是犹太圣经中的神,他创造了这个世界,而这个世界在各个方面都反映出他缺少智慧和善,比如说,他将我们大多数人——如果不是所有人的话——置于一种无法拥有好生活的境地。

正是以大量此类观点为背景,我们所关心的自由概念出现了。说人是自由的,就是说这个世界并没有从外部向我

---

[6] 关于 *archontes* 一词在诺斯替主义文献中的使用,参见 R. A. Bullard and B. Layton, "The Hypostasis of the Archons", in J. M. Robinson, ed., *The Nag Hammadi Library in English* (San Francisco, 1988), 161-169。弗雷德在本书第七章第 114 页(凡此即指原书页码,见本书边码。——译者)扩展了他对诺斯替式的"力"(powers)的研究。

们施加约束以使我们不可能过上好生活。这些观点可能令我们大多数人觉得很怪异。但是别忘了,古代晚期充斥着这类观点,它们具有极大的吸引力。我们也别忘了,当时也有其他一些观点,虽然不如这些观点那么怪异,但也被认为至少是在探究"我们是不是自由的"这个问题。

我们目前所讨论的这些存疑的观点假设了某种物理决定论,根据这种观点,一切事物的发生,包括我们的行动,都是由先前的物理原因决定的,因此是被预先决定的。在古代思想中,我们所能找到的、与我们在谈论决定论时所想到的物理决定论最接近的观点,来自伊壁鸠鲁的作品,不过伊壁鸠鲁在几乎不加论证的情况下就拒斥了这种观点。[7] 伊壁鸠鲁关注的是,德谟克利特(Democritus)提出的那种原子论(伊壁鸠鲁自己也赞同)可能受到了误解,以为它包含这样一个观点,即所发生的一切事情(包括我们的行动)都是由一系列无限的前因(antecedent causes)预先决定的。如果这种观点是对的,那么我们的行动在任何实质性的意义上都不可能是由我们决定的。因为有些条件一直都存在,它们必然导致以下情况:你将在某一天存在,你将是这样一种人,具有那样一些信念和欲望,在某种情境中,你将用这种方式做出回应。这样一来,这些条件的产生就与你的想法无关,与你或你的生活无关,而你对于它们的产生也没有丝毫影

---

[7] 弗雷德这里很可能指的是伊壁鸠鲁的《致美诺俄库斯》(*Letter to Menoeceus*),134。

响。因此，你的行动就只是一个部分，包含了这个部分的整个世界不可避免地由之前的条件展开，而这些条件早在你存在之前就预先决定了你的行动。

我们很难不按照伊壁鸠鲁所拒斥的那种方式去理解德谟克利特。德谟克利特假设一切都只是在虚空中运动的原子。原子相互碰撞并反弹，形成临时的复合物，其中某些复合物只是因为构成它们的原子的结构而变得相对稳定。我们所说的"事物"（objects）就是这种复合物，其中包括植物、动物以及人类。正因为构成这些事物的原子具有特定结构，这些实体（entities）才在其行为当中展现出某种规律性。

我们几乎很难不做出错误的假设，认为德谟克利特的想法肯定是，原子是按照既定的自然法则来进行运动、碰撞或反弹的，因此一切最终发生的事情也都受到这些法则的主导。但是显然，德谟克利特根本就没有想到这种法则（laws）。他所关注的反而是要抵制这样一种想法，即：事物的行为所体现出的那种表面的规律性，应当被理解为它们被设计成按照这种方式运转的结果。因为在古希腊思想中，行为的规律性一般来说是与某种理智设计（design by an intellect）相联系的。各大行星被认为是最有理智的——如果不是有智慧的，因为它们的运动合乎最高程度的规律性。[8] 如果一个

---

[8] 行星之所以有此希腊语名称，就是因为根据当时流行的看法，这些星体是四处运动的。行星运动的这种"最高程度的规律性"（即完美的环状）在当时是某种特殊的宇宙学理论，该理论修正了肉眼观测到的行星运动的不稳定与位置偏移。

事物并不是有理智的（intelligent），但却在行动中展现出规律性，那么它就很容易被认为是根据某个有理智的行动者的设计而如此行动。德谟克利特的要点在于，在这个世界中呈现出来的规律性并不是某种设计的产物（比如说是由阿纳克萨哥拉式的宇宙理智所设计），而是一种由原子的无目的随机运动产生出来的表面现象。因此，我们应该可以用"随机性"（randomness）来解释这种表面上的规律性。不过，在伊壁鸠鲁的时代，人们就已经倾向于将原子的运动看作自身即具有规律。因此，伊壁鸠鲁为了避免其原子论受到这种误解，就试图坚称原子的运动是无规律的，为此他声称，原子会无缘无故地偏离其运动轨道。[9]

在我看来，伊壁鸠鲁有关"偏离"（swerve）的学说已经遭到广泛的误解，被看成是一套旨在说明人类自由的学说，就好像假设头脑中可能发生原子偏离就能解释人类自由似的。相反，伊壁鸠鲁的要点其实在于，既然这个世界并非在这个意义上是决定论的，那它就不会威胁到下面这个观点：我们的某些行动确实是我们自己做出的行动，而不是落在我们头上的事情，也不是其他人或物让我们去做的事情。不过在这里，我们至少还可以设想某种观点，它肯定不是异想天开的，而是更接近于我们所说的"物理决定论"。根据这种观点，这个世界对于我们能做的事情施加了限制，于是

---

[9] 关于这种"偏离"的文本证据主要来自卢克莱修（*De rerum natura* 2.225-293），人们一般假设，卢克莱修依据的正是伊壁鸠鲁已佚失的著述。

我们就只能去做我们所做的事，这样一来，这个世界就有可能彻底阻碍我们去做那些为了过上好生活而需要去做的事情。

在古代，最接近我们所理解的物理决定论并确实为人们所接受的学说，莫过于斯多亚学派的"命运"（fate）学说。[10]在斯多亚学派看来，所发生的一切事物都有在先的物理原因，这种原因形成了一个在我们所要追踪的范围之内的回溯链条。不过，即便是这种形式的普遍物理决定论，也还是在三个关键的方面迥异于现代的版本。首先，斯多亚式的"命运"是某个行动者创造的，这位行动者就是神，他的计划决定了这个世界生成演化的方式——无论是我们自己的所作所为，还是最微小的细节，都包括在内。[11]相比较而论，现代决定论者一般来说都不相信存在这样一个决定一切事物的宇宙动因（cosmic agent）。其次，这样一个计划之所以是神佑的（providential），恰恰是因为斯多亚式的"神"在预先决定事物的时候在某种程度上考虑到了我们，考虑到了其决定对我们以及我们的生活造成的影响。然而，现代决定论者不仅会很自然地认为我们所做的一切事情都是预先决定的，而且同样自然地认为，我们的选择和决定都是在全然不顾及我们的情况下被预先决定的。第三，斯多亚学派的立场有一个奇怪的反转（在现代决定论那里没有类似的反转）：神圣的计划本身似乎取决于我们的选择和决定，这样一来，

---

[10] 相关的文本证据及讨论，参见 S. Bobzien, *Determinism and Freedom in Stoic Philosophy* (Oxford, 1998)。

[11] 关于斯多亚学派论神即命运，见 DL 7.135（LS 46B）。

神在决定世界演化的方式时才能预见到它们。

总之,神按照神意设定了世界,因而就不存在从外面施加给我们的约束——这种约束会彻底令我们无法去做为了过上好生活而需要去做的事。所以我们在这里确实得到了某种形式的因果决定论,但它是否对自由构成了威胁,这依然是一个有争议的话题。很显然,那些论证说这种观点确实威胁到自由的人(比如阿弗罗蒂西亚的亚历山大 [Alexander of Aphrodisias])很省事儿地忽略了一个观点:按照这套理论,我们的选择就不只是命运的产物,反而本身就在某种程度上决定了命运。[12]

不过,普遍的因果决定论在古代时期并没有很多支持者。这并不是因为古代人在很大程度上相信,事情的发生不具有某种原因或解释,而是他们逐渐相信,事情的发生确实具有某个自然原因或解释。但是关于什么构成了一个原因或解释,他们也确实具有一个与我们颇为不同的概念。或许最关键的差别在于,在古代时期,没人具备"自然法则"(laws of nature)这个概念,即某组控制并且解释一切客观事物(不管它们属于什么种类)之行为的法则。至少,在很大程度上,哲学家相信,理解事物如何运作的最重要因素在于一个事物的自然本性(nature)——亚里士多德主义者、柏拉图主义者、斯多亚学派以及伊壁鸠鲁主义者这类哲学家确实是这么认为的,尽管方式

---

[12] 阿弗罗蒂西亚的亚历山大在《论命运》(*On Fate*)中提出了这个论证。

有所不同。如果你愿意，你就可以将一个事物的本性理解成某种可以由一组原理和法则来解释的事物，这些原理和法则控制并说明了具有这一本性的事物（比如植物或星辰）的行为。但是这些原理和法则控制着某种特定的事物。一个事物的本性对这类事物或本性所能做的事情施加了某些内在约束。比如说，人类并非无所不能，恰恰因为他们是人类，所以他们不能飞——即使他们想飞。但是也有很多事情，是由于一个事物具备了某种本性从而能够做到的。比如说，向日葵的本性使它能够朝向太阳的方向。事实上，当太阳是可见的时候，正是这种本性令这种花朝向太阳。我们可以相当概括地说，正因为一个事物本性如此，在某些特定条件下，它就只能按照某种可辨认的方式运作。

只有在更为复杂的动物（当然还有人类）这里，行为才不是完全取决于事物的本性以及该事物所处的环境或条件。动物可以学习，可以接受训练，甚至可以被教导着去做某些事情。同一种类的不同动物在同样的环境中可能做出完全不同的行动。它们的行为并不是完全由其本性或其本性之法则决定的。而且，众所周知，人类必须接受训练、教导和教育。在他们能够以真正属于人的、成熟的方式行动之前，他们必须经过大量学习。不仅如此，至关重要的是，人类必须积极主动地去获取真正的人类生活所要求的那种资质（competence）。人类的自然本性肯定不是他们能够合乎美德地行动的原因。

有人认为，这个世界当中发生的一切主要都是按照事物的自然本性来加以说明的，如果按照这种观点，那么所有事物都具有一个自然的原因和解释，但是，如果考虑到所诉诸的这些原因和解释属于什么类型，那么这个世界在我们看来可能还是因果上不被决定的，并且留出了足够的空间，让我们按照自己认为恰当的方式去生活。但是，当我们进入古代晚期的时候，我们会看到，有一种思想在逐渐发展，即认为物理世界至少有可能是被决定的。当然，那个时候还有一种迅速流传开来的观点，认为心灵不是物理性的。不管怎样，"自由"这个概念只有从如下事实中才会获得其要旨：当时就有大量关于这个世界的看法，根据这些看法，我们受制于某些约束，因此有可能——如果不是必然的话——无法去做我们为了过上一种好生活而需要去做的事。

认识到这一点，我们就可以将两个概念整合到"自由意志"的概念中：一个是意志的概念，另一个是自由的概念。如果我们认为，我们的行动是由意志的某个选择或决定引起的，那么我们为了过上好生活所需要的行动自由就必须包含做出选择的自由，而这些选择是我们为了做出必要行动所需要的。然而，意志和自由之间的这种联系就十分琐碎。我们也就很难说明人们为何会如此强调"意志自由"。

下面这种联系则不那么琐碎：我们的行动或许会受到某些约束，这样我们的选择就很有限，因此它们可能就无法为我们带来某种好生活。只要设想一个无处不在的僭主，他一再迫使你面对下面这种选择：要么令你的孩子丧命，要么背叛你的朋友；或者要么杀死你的孩子，要么因为违背命令而接受责罚。不过，这种联系也还是不足以说明"意志自由"的要点。

还有一种更有希望的联系：一旦我们设想有一个世界，它受到某个无处不在的僭主的统治，或是受到天上某些有理智的存在者及其有魔力的随从的统治，他们能进入我们的心灵，或者还能加以操纵，甚至还能一步步试着阻碍我们获得那些过上好生活所需要的知识，那么我们就能看到，当我们强调"意志自由"的时候，这里确实有一点特殊的重要性。没有哪个无处不在的权力有这种力量控制我们的心灵，从而阻碍我们的意志做出需要做出的选择。

但是我们还可以找到一个进一步的联系：当我们进入古代晚期的时候，大部分人都会认为，在某种重要的意义上，我们的自由被还原为心灵的自由，尤其是意志的自由。因为，即使我们选择按照某种方式行动，我们也无法最终决定，究竟能不能成功地将头脑中决定去做的事情在外部世界中加以实现。我们可能决定走过一条马路，却在尝试这样做的时候被车撞倒。我们可能决定举起自己的手臂，而手臂却举不起来。自由意志学说当然不是为了说明，我们要如何才能举起手臂或穿过马路。相反，这一学说所要说明的是，如果我们确实举起自己的手臂，那么我们如何为举起手臂负责，而不考虑这样一个事实：外部世界中充满了各种各样的行动者，他们可能会毁掉我们的努力。[13]至少对于斯多亚学

---

[13] 我用"而不考虑这样一个事实"代替了弗雷德原稿中的一句话：紧接着"我们确实举起自己的手臂"之后，他另起了一个新句子，原文是"不仅是有一个外部世界"。

派、基督徒以及在较弱的程度上对柏拉图主义者而言，还存在着神圣的天意，它从一开始就确定了，我们决定要做的事情是否符合它对可能存在的最好世界的规划，以及因此是否会获准而得以实现。

以上就是对于"自由意志"概念所提出的一个总体概括。我们下一步的主要工作则是考察，某种特定的、现实的意志概念是否首先出现在斯多亚学派的学说中。不过，在我们可以转向这个问题之前，我们必须先来看一下亚里士多德的学说。

## 第二章

# 亚里士多德：不涉意志的选择

至少有三个理由可以说明，为什么我们的具体研究需要从亚里士多德开始。首先，斯多亚学派加以发展的只能是"意志"概念，因为他们已经具有某种"心灵"概念。但是他们已然发展了这种与柏拉图和亚里士多德相反的心灵概念，或者毋宁说是"灵魂"的概念。其次，我们应当再次确认，我们不仅已经明白亚里士多德并没有"自由意志"的概念，而且也理解为什么他没有这个概念。第三，到了古代晚期，亚里士多德再次被哲学家精细钻研，而且任何一个受过高等教育的人都会被推荐——如果不是被要求的话——去阅读亚里士多德的至少部分著作。于是，如果我们考察某些哲学作者（甚至也包括像爱米撒的内米西乌斯［Nemesius of Emesa］这样的基督教作者）就会发现，他们在讨论那些迄今已经远远超出亚里士多德讨论范围的问题时，再度引入了《尼各马可伦理学》（*Nicomachean Ethics*）中的某些学说，这些学说与其说澄清了某些问题，不如说在某种意义上令人更为困惑。

柏拉图和亚里士多德都没有提出某种"意志"概念。但是在他们那里确实有一个与之联系紧密的概念，*boulesthai*

或者 *boulēsis*，即一个人愿意（willing）或者想要（wanting）某个东西；尤其是，一个人愿意或者想要去做某件事情。诚然，这个概念在柏拉图和亚里士多德有关人类及其行为的思考中是基本概念，而且在整个古代思想中还会继续具有关键意义。但是 *boulesthai* 这个词会导致混淆，所以，重要的是要弄清楚它在柏拉图和亚里士多德的论述中究竟是什么意思。它之所以会导致混淆，部分原因在于，我们似乎可以在很多（如果不是所有的）印欧语言中发现这个希腊语动词的不同版本，例如：拉丁语中的 *velle* 及其在罗曼语族中的各种衍生说法，德语中的 *wollen*，以及英语中的 to will。这些语言也形成了相应的名词，例如，拉丁语的 *voluntas*，英语中的 will，它们从某个时期开始也被用来表示意志，不过希腊人则到了相当晚的时候还在犹豫要不要在这个意义上使用 *boulēsis* 这个词。

不过，这种紧密的词源学联系不应该令我们误以为，*boulesthai* 这个词就像拉丁语的 *velle*、德语的 *wollen* 或英语的 to will 一样被广泛地用来表示"想要"（to want），至少我们不应该以为在柏拉图和亚里士多德以及后来的希腊哲学那里有如此广泛的用法。在柏拉图和亚里士多德那里，这个词指的是一种非常具体的"想要"（wanting）或欲望（desiring），事实上，它指的是某种特定形式的"想要"——而我们今天已辨认不出这种形式，或者在我们的概念体系中不再有其位置。对于柏拉图和亚里士多德来说，"意愿"（willing，后面我会用这个词来称呼它）是一种特别针对理性而言的欲望形式。[1]它就是理性欲求某种事物所采取的形式。如果理性认为（或者相信自己认为）某个事物是好的，那就会意愿它或是欲求它。如果理性相信自己看到某个行动过程可以使我们获得这个被看作是好的事物，它就会认为，在其他条件都相同的情况下，采取这个行动过程是一件好事。而且，如果理性认为做某件事情是一件好事，它就会意愿或欲求去做这件事。因此我们可以假设，有这样一个东西存在，即"来自理性的欲望"（a desire of reason）；而且我们还可以假设，理性自身足以推动我们去做出行动。提出这个假设的哲学家有苏格拉底、柏拉图、亚里士多德、斯多亚学派及其后来的追随者。他们一致认为，就像真理对理性具有吸引力一样，善（the good）对理性也具有吸引力，理性试图获得善。

在柏拉图和亚里士多德那里（不包括斯多亚学派），这种将"意愿"看作某种有别于理性的欲望形式的观点，与下面这个观点之间有着紧密联系：灵魂是二分甚至是三分的，意思是说，除了理性之外，灵魂之中还包含一个或多个无理性的部分。（鉴于我们的目的，我将不考虑那种存在两个无理性部分的情形。）对于灵魂的这种划分基于下面这个假设：欲望具有迥然不同的形式，与此相应，动机也有迥然不同的形式，各种形式之间甚至可能彼此冲突，因此它们就必然来源于不同的能力、才能或是灵魂的不同部分。[2]因此，

---

[1] 参见 Plato, *Rep.* 8, 577e; ps.-Plato, *Definitions* 413c8; Aristotle, *EN* 3, 1113a15-b2; *EN* 5, 1136b6-7。

[2] 参见 Plato, *Rep.* 4, 439a-441c；以及 Aristotle, *EN* 1, 1102b13-1103a3。

一个人可能会觉得饿，这样就渴望吃点东西，并因此渴望找些东西来吃。这种类型的欲望就被称作"基本欲望"或欲求（appetite，希腊文是 *epithymia*）。这显然是一个无理性的（nonrational）欲望。一个人可能会觉得饿，无论他怎么想或是具有什么信念。即使他相信，吃东西绝对不是一件好事，他也还是可能会觉得饿。他的这种信念可能是对的。因此，一个无理性的欲望可以是一个合理的（reasonable）欲望，也可以是一个不合理的欲望。不过同样地，这个人的这个信念（吃东西是件好事）也可能是非常不合理的。因此，一个来自理性的欲望也有可能是合理的或是不合理的。因此，合理的欲望与不合理的欲望之间的区分，就不同于来自理性的欲望（或者说理性的［rational］欲望）与来自灵魂中无理性部分的欲望（或者说无理性的欲望）之间的区分。我们还可以假设，一个人可能会按照一个理性的欲望而行动，同样地，他也可以按照一个无理性的欲望而行动。不仅如此，一个人可以按照这个无理性的欲望而行动，即使它与理性的欲望相冲突。

所以这里就有一个假设：如果存在冲突的话，一个人可能依从理性，也可能依从欲望。这样假设的话，实际上就等于是否定了苏格拉底的观点：没有人会违背其更好的知识（或者实际上是他单纯的信念）而行动。所以，按照苏格拉底的观点，如果你真的相信——无论是对还是错——现在吃东西并不是一件好事，那么你就不会被基本欲望推动着去吃东西，就好像你的理性是一个被激情拖来拖去的奴隶一样。[3] 柏拉图和亚里士多德的学说则主张灵魂三分以及动机具有不同形式（以及其间可能存在的冲突和对这种冲突的解决），这些学说旨在修正苏格拉底的立场，以便恰当地对待一个推定的事实，即在发生冲突的情况下，人们有时候确实会违背其更好的知识，根据无理性的欲望而行动。不管怎样，亚里士多德对他称为"不自制"（*akrasia*，或者有时被误导性地称为"意志软弱"）的那种推定现象所做的著名讨论，显然是在攻击苏格拉底的立场。[4] 现在，当我们考察《尼各马可伦理学》中的这部分讨论时，重要的是要注意到，这里的关注点并不像现代读者不自觉地以为的那样，聚焦于激烈的心理冲突——这种冲突就好比说，我们坐在那里，心神不宁，备受煎熬，内心被两种相互冲突的欲望撕扯着（因为这两种欲望驱使我们走上完全相反的方向，而我们还在试着决定究竟要去往哪一个方向）。我们倾向于按照这种方式去读解亚里士多德，因为我们有某种特定的心灵概念并将这种概念投射到亚里士多德那里。但是，亚里士多德所关注的情形则完全不同。

我们来看一下"鲁莽的不自制"这种情形。有人侮辱了你，你觉得特别沮丧和气愤，结果你就让自己的愤怒压制了其他念头（只要你花时间想想什么样的回应算是得体，你就会具有的那些念头）。于是你仅仅出于愤怒而做出了行动。一旦你平静下来，你可能会意识到，你并不认为这是恰

---

[3] 弗雷德这里指的是亚里士多德在《尼各马可伦理学》中对苏格拉底的评论，见 Aristotle, *EN* 7, 1145b23-27, 1147b13-19。

[4] 参见 Aristotle, *EN* 7, 1145b21-1146b5。

当的回应方式。一般情况下,你觉得这样做并不好。但是在你做出行动的时候,你并没有这种想法。这里的冲突就是在一个无理性的欲望和一个理性的欲望之间的冲突,而如果你给自己时间或空间加以考虑的话,你本应具有这样一个理性的欲望。或者我们还可以看一下极为不同的"基本欲望不自制"的情形。你有一个"不吃甜食"的理性欲望。在某种情况下你决定不吃任何甜食。但是此刻,一份特别好吃的甜食摆在你面前,而你的基本欲望可能极为强烈——至少在这一刻,以至于完全没有想到自己不想再吃任何甜食。这也不属于激烈冲突的情形。但是,无论我们考虑的是哪一种不自制的情形,亚里士多德肯定不会持有下面这种观点:如果我们面对这样一种冲突(不管它是否激烈),并违背理性而按照一个无理性的欲望去行动,那么我们之所以这样做,乃是因为存在着某个精神事件,即要用这种方式来行动的选择或决定。而且,这种情况肯定不是在"按照自己的信念而行动"和"按照自己的无理性欲望而行动"这二者之间做出决定或进行选择。因为就像我们已经看到的,按照亚里士多德的描述,在这些情形中,通常——就算不是大多数——情况下甚至都不会出现下面这个念头:这样做并不是一件好事情。

更重要的是,亚里士多德自己明确地指出,这些例子的特点在于,行动者是违背自己的选择(*prohairesis*)而行动,而不是决定要违背其理性而行动。[5] 在亚里士多德看来,

---

[5] 参见 Aristotle, *EN* 7, 1148a9。

能够说明一个人是违背其信念而行动的，并不是引发该行动的选择。相反，我们需要一个漫长的故事来说明，一个人此前为什么无法服从那些训练、实践、练习、规戒与反思，以确保他的无理性欲望是合理的，确保他是出于理性而行动，而不是按照冲动去行动，并由此在发生冲突的情况下，确保他会遵循理性而行动。在亚里士多德那里，能够对不自制的行动加以说明的，正是这种过去已经发生的失败，而不是某个特定的精神事件（例如某个选择或决定）。

亚里士多德为什么不持有某种"意志"概念，现在应该很清楚了。意愿或者说来自理性的欲望，都是认知状态的直接功能，取决于理性把什么行动看作好的。而无理性的欲望则是灵魂的无理性部分之状态的直接功能。我们的行动要么是出于理性的欲望或者说意愿，要么是出于无理性的欲望或者说基本欲求。在发生冲突的时候，就没有进一步的步骤来裁定或解决问题。具体来说，理性并非呈现为两个角色：首先是呈现自身，然后通过做出决定或选择来裁定冲突。冲突如何得到解决则取决于过去发生的事情，或许还是很久以前发生的事情。

亚里士多德确实在自愿的行动（*hekontes*）和不自愿的行动（*akontes*）之间做出了区分。[6] 他做出这个区分，是为了区分我们能够为之负责的行动和我们不能为之负责的行动。亚里

---

[6] 参见 Aristotle, *EN* 3, 1110b8-1111a21。通常英译为 "of one's own accord"，"on purpose"，"deliberately"，"willingly"，"intentionally"；与之相对应的词（*akontes*）可类推。

士多德通过划分出我们所做的某些事情而做出这个区分,而我们之所以做这些事情,只是因为我们实际上受到了强迫,或是出于无知而行动——也就是说,因为我们没有意识到或者不可能意识到该情境的某个关键特征,而如果我们认识到了这个特征,就会换一种方式行动。如果有人给了你一块巧克力,他可能没有意识到——而且也无从得知——这里有一个关键事实,即这块巧克力有毒。而如果他已经知道这一点,他就不会把这块巧克力给你。所以,我们要为之负责的行动,就是既非出于强制也非出于无知而做出的行动。从正面来说,若要为自己的行动负责,我们的行动就必须以某种方式反映出我们的动机。我们肯定是这样行动的,因为无论如何我们都是以这种方式被推动着行动:或是被理性欲望推动,或是被无理性欲望推动,抑或是被二者推动。

传统上认为——这种观点很有误导性——亚里士多德的区分表现的是自愿与不自愿之间的区分,而亚里士多德的术语 hekōn 和 akōn 也相应地翻译为"自愿"和"不自愿"。这种观点古已有之。西塞罗就已经这样来翻译 hekōn。[7] 这反映出人们将一个较晚的心灵概念投射到了亚里士多德那里。从一开始我们就必须记得,亚里士多德的区分应该应用于一切存在者,比如家畜、孩子以及成年人,他们已经受过训练或教导,或是已经学会了该用某种方式行动,因此我们也就

---

[7] 弗雷德这里所指的文段可能是 Cicero, *Acad.* 1, 40, 西塞罗在该处说,斯多亚学派的芝诺的学说中,"赞同"(assent)意为 *in nobis et voluntariam*(在我们身上并且是自愿的)。

可以指望他们按照某种方式来行动。如果我们认为一只动物该对其行为负责，通过责备和惩罚以劝诫它不要做某事，或者通过称赞和奖赏来鼓励它做某事，我们这样做也不是因为我们认为它做出了正确的选择或者具有任何选择。至少亚里士多德假设，无论动物做什么，都是出于某个无理性的欲望而行动，尽管该欲望可能是训练和习惯化（habituation）的产物，而训练和习惯化可能完全成功，也可能相反。在亚里士多德看来，对孩子来说情况多少也是一样。但孩子还只是开始具有理性欲望并出于这些欲望而行动，而成年人则应该具有理性欲望并由此而行动，而不是出于冲动而行动。不过，即使当他们出于无理性的欲望而行动时，也不是根据选择而行动。即使我们已经长大成人，无理性的欲望自身也足以推动我们行动。而且就像我们已经看到的，即使我们违背自己的理性欲望而行动，这也和选择无关。因此，在亚里士多德那里并没有"意志"或"意愿"的概念，以使得某个人可以被说成是"自愿地"或"有意愿地"行动，无论其行动是出于理性的欲望还是无理性的欲望。因此，对于亚里士多德来说，"责任"也就不涉及意志，因为推动人按照某种特定方式去行动的、任何形式的动机都足以说明责任。[8]

---

[8] 关于进一步的讨论，参见 A. Kenny, *Aristotle's Theory of the Will* (New Haven, Conn, 1979); C. H. Kahn, "Discovering the Will: From Aristotle to Augustine," in J. M. Dillon and A. A. Long, eds., *The Question of "Eclecticism": Studies in Later Greek Philosophy* (Berkeley, Calif.), 239-241；以及 S. Broadie, "The Voluntary," chap. 3, in *Ethics with Aristotle* (Oxford, 1991).

不过，就像我已经表明的，这并不意味着亚里士多德没有某种"选择"概念。因为他说，如果一个人违背自己更好的知识而按照无理性的欲望行动，那么他就是违背其选择而行动。确实，选择的概念在亚里士多德那里扮演了一个重要角色。[9] 因为他认为，如果一个行动要算作有美德的行动，它就必须满足大量愈加严格的条件。不仅这个行动必须是正确的事，而且行动者必须是自愿地（hekōn）做这件事；实际上，行动者必须"愿意"（will）做这件事。不仅如此，行动者必须出于选择（ek prohaireseōs）而做这件事，也就是说，他必须选择（prohaireisthai）这么做，而这个选择本身必须满足某些条件。因此，亚里士多德就说明了什么叫作"选择做某事"。在说明这一点的时候，基于我们已经说过的，他也区分了选择（choosing）和意愿（willing）。这就导致了人们对于亚里士多德的"选择"概念的广泛误解。人们常常认为，意愿和选择是两个完全不同的东西，选择是一个复合的欲望，包括要做某事的一个无理性欲望和通过慎思（deliberation）而达到的一个信念：在这种情况下按照这种方式行动会是一件好事。

我几乎不需要再指出，这个解释在某种程度上是由某种心灵模型来驱动的，根据这种模型，我们的行动是由我们的信念和无理性欲望来决定的，而且不管怎样都是由我们的

---

[9] 亚里士多德对 prohairesis（选择/决定）的讨论主要集中在 EN 3, 1111b5-1113a33, 以及 6, 1139a31-b13。

无理性欲望来推动的。但是，从亚里士多德的"意愿"概念来看，这显然不是他的观点。他之所以区分意愿和选择，并不是因为这二者完全不同，而是因为选择就是一种极为特殊的意愿。一个人可能会意愿或想要某种不可得的东西，也可能愿意去做某些自己无法做到的事。他也可能意愿某个事物，却完全不去想怎么做才能得到该事物。选择则不同。按照亚里士多德的说法，只有在一件事情取决于我们（*eph' hēmin*），只有在我们能够掌控它，只有当它能不能完成或者会不会发生都取决于我们的时候，我们才能选择去做这件事。[10]因此一个人无法选择能不能被选为官员，因为能否当选取决于他人。但是，他能够意愿或想要被选为官员。

不过选择仍旧是某种形式的意愿。在亚里士多德看来，有某种善是我们所有人都意愿的，或者是在一生中想要获得的，这就是某种好生活。作为成年人，对于这种最高善的构成，我们都具有某种特定的概念，不过不同的人会有相当不同的概念。因此，在具体情况下，作为成年人，我们会按照自己对于这种最高善的概念去选择如何行动，因为在仔细地考虑了该问题之后，我们认为这样行动将有助于自己获得这种善。不过这就是所谓的"意愿做某事"：一个人有欲望做某事，是因为他认为这能帮助他获得自己认为是善的，因而意愿或想要的东西。因此，选择就只是某种特殊的意愿。所以，根据亚里士多德的说法，选择确实扮演了重要的角色。

---

[10] Aristotle, *EN* 3, 1111b29-30.

但是，选择不是按照意愿来说明的，而是按照两项内容来说明的：其一，理性对善的热爱（不管我们如何设想善）；其二，理性行使其认知能力来决定在这种情况下如何能够最好地获得善。[11]

亚里士多德那里没有"意志"概念，同样，他也没有"自由"概念。这并不意味着亚里士多德对"世界"持有某种看法，而这种看法表明我们不是自由的。在亚里士多德所设想的世界中，在天球上，事物的行为受制于严格的规律性，后者是由相关事物的本性决定的。不过，一旦到了月下世界（也就是我们居于其间的、完全物质性的领域），这种规律性的效用就开始变得有限。它变成某种"适用于大多数情况"的规律，体现为自然本性在大量质料中的不完全实现。不仅如此，由事物本性规定的这些规律即使没有例外，这个世界在很多方面也还是没有被决定的。这并不是说，在亚里士多德看来，世界上有什么东西是不能加以说明的。但是亚里士多德设想"说明"的方式以及这些说明的结合，都使这个世界在我们的因果决定的意义上是不被决定的。所以，在亚里士多德设想的世界中，既不会与现存的规律相冲突，也不会被现存的规律所排斥的人类行动就获得了很大的空间。亚里士多德时常借助这个主张，比如他由此说明，"选择"预设了某件事情是否得以完成乃是取决于我们，由我们决定，而不是由世界上的某个规律设定好的。不仅如

---

[11] Aristotle, *EN* 3, 1112b11-24.

此，亚里士多德所设想的宇宙也没有那么多凶险的力量，试图摧毁我们的努力，不让我们过上适合自己本性的生活。确实有一位神存在，其思想决定了各种自然本性并由此决定了在世上发挥作用的各种规律，也确实有真正如天使般的理智存在者，他们推动诸星球运动。[12]他们于我们而言应该是启示的来源，肯定不是我们生活的障碍。

这个乐观的观点认为，这个世界为自由行动留下了充分的空间。我们不应该在这个观点的哄骗下认为，按照亚里士多德的说法，我们在行动时是有很多选择的。我们再来看看这个亚里士多德式的"选择"概念。我们可以选择做某件事，如果做或者不做这件事都取决于我们的话。"某事取决于我们"这个概念将在所有的古代晚期思想中扮演关键角色，而且会经常被解释为：如果某事取决于我们，那么我们就有做或不做这件事的选择。但是，如果我们回到亚里士多德这里，情况就不大一样了。亚里士多德仅仅是说，如果某事取决于我们，那么我们就可以选择去做它。当然我们也可能无法选择去做它。但是，根据亚里士多德的"选择"概念，"未能选择去做某件事"不等于"选择不去做这件事"。我们在不自制的情形中看到了这一点。一个人可以选择跟从理性。但是，如果他不能跟从理性并按照无理性的欲望去行动，那不是因为他选择不跟从理性并转而决定去做其他事。

---

[12] 参见 Aristotle, *Metaphysics* 12, 7-9, 有评注的版本，见于 M. Frede and D. Charles, eds., *Aristotle's "Metaphysics" Lambda: Symposium Aristotelicum* (Oxford, 2000)。

因此，在亚里士多德那里，一个人所做的选择不是——至少不必然是——"做 X"还是"不做 X"的选择，更不是"做 X"还是"做 Y"的选择，而是在于"选择做 X"或者"未能选择做 X"，而后者就导致了 X 这个行动未能完成。

不仅如此，在这一点上，亚里士多德、苏格拉底、柏拉图以及斯多亚学派关于有智慧和有美德的人的观点都认为，这样一个人不可能不合乎美德地、有智慧地行动，也就是说，他不可能不出于正确的理由去做正确的事。但是，对于亚里士多德来说，这就意味着一个有智慧和有美德的人只能做出他所做出的选择。这就是所谓的"有美德"。因此，采取其他行动或做出其他选择的能力，若在狭窄的或强的意义上来加以解释，就不会出现在有美德的人那里，因为若在狭窄的意义上来加以解释，"能够做出其他行动"正是不成熟和不完善的标志。因此，只要一个人能够按照其他的方式来选择和行动，他就不是有美德的人。因此亚里士多德所说的有美德的人只有在极弱的意义上能够按照其他方式行动，也就是说，如果当他在一种不太弱的意义上本来就能做出其他选择时，他还没有通过做出恰当的选择而成为有美德的人，那么他就能以其他方式行动。遗憾的是，这个更强（不算太弱）的意义并不是亚里士多德特别关心的。其中的原因在于，亚里士多德相当乐观地认为，做出正确选择的能力是随着人性和良好的教育一道出现的。但是，鉴于亚里士多德所处的时代及其社会背景，他可以毫无困难地假设，人性是极为复杂的，因此很难在世俗事务中恰当地保持一致。因此，他也就可以毫无困难地假设，大多数人对人性的实现都是不完备的，他们只有很渺茫的希望，甚至没有希望变得有美德和有智慧。他还可以很容易地假设，大多数人都缺乏良好的教养。我们将会看到，这种思想方式逐渐会让后来的古代人感到不适。

亚里士多德的观点为不受限制的人类行动留下了充分的空间，不过这种观点对于"自由意志"的概念而言很难说有多么友好——哪怕是在最一般的意义上。不管怎样，亚里士多德缺乏这个概念。对他来说，好生活并不是有没有自由意志的问题，而是与艰难的努力及思考有关，他始终预设，在个体身上，人性能够得到恰当的实现以及良好的培育，而不幸的是，大多数人都不具备这种可能。

# 第三章

# 意志概念的发生：斯多亚学派

## 不可分的心理结构：理性、印像*、冲动及赞同

我们已经看到，对亚里士多德来说，要具有一个"意志"概念，就得有一个恰当的"选择"概念。尽管他的确具有一个"选择"概念，但是他并不具有那种足以支持他提出以下主张的概念，即每当我们做自愿的行动（hekontes）时，之所以这样做，是因为我们选择或决定用这种方式行动。亚里士多德确实没有这样的"选择"概念，因为他假设，我们有时候只是出于无理性的欲望（也就是某种来源于灵魂的无理性部分的欲望）而行动，而并没有选择这样行动，而且事实上有时候还会违背自己的选择而行动。他可以假设这一点，因为他假定灵魂中存在无理性的部分，它们产生了这种无理性的欲望，而无理性的欲望本身足以推动我们采取行动。这里的关键假设在于，"感到饿"可能就足以促使你去

---

\* 弗雷德以及通行的英译将斯多亚学派的 *phantasia* 译作 impression，考虑到这个概念在斯多亚学派那里具有更多复杂的含义与用法，翻译时我们将斯多亚学派/斯多亚主义出现的 impression 译作"印像"，其他地方则译为"印象"，以示区分。关于这个概念的相关文献，可参考本章注释 [8]。

吃东西,"感到生气"可能就足以使你对某个人——可能是惹怒你的人,或是其他某个人——发泄怒气。

灵魂的基本概念是二分或三分的,我们在柏拉图和亚里士多德那里都能发现这样的灵魂概念,但是斯多亚学派却予以拒斥。[1] 柏拉图和亚里士多德在某种程度上是在回应苏格拉底的时候发展出其灵魂概念的,苏格拉底否认"不自制"(akrasia)的存在,并且认为,在我们所做的事情上,我们完全是由自己的信念来引导的。斯多亚学派认为自己是在回归苏格拉底的观点,而他们是在柏拉图的早期对话尤其是《普罗塔戈拉》(Protagoras)中看到了这种观点。[2] 在这些对话中(直到《斐多》[Phaedo]都包含在内),并没有对灵魂进行划分的迹象。即使在《斐多》中,灵魂整体上似乎是一种处于身体当中的理性。因此,斯多亚学派认为灵魂就是某种理性。他们也借用柏拉图《普罗塔戈拉》(352b)的一个术语来称呼灵魂,即 to hēgemonikon,意为我们身上的主导部分。[3] 正是理性主导着我们和我们的整个生活。在

---

[1] 弗雷德在本章前几页提到了斯多亚学派心理学、生理学以及伦理学,相关文本的翻译和讨论参见 LS 39, 58, 60, 61, 63, 65。具体的处理参见 M. Frede, "The Stoic Conception of Reason", in K. J. Boudouris, ed., *Hellenistic Philosophy* (Athens, 1994), 2: 50-63; 以及 "The Stoic Doctrine of the Affections of the Soul", in M. Schofield and G. Striker, eds., *The Norms of Nature* (Cambridge, 1986), 93-112; B. Inwood, *Ethics and Human Action in Early Stoicism* (Oxford, 1985), chaps. 2 and 3; 以及 A. A. Long, *Stoic Studies* (Berkeley, Calif., 1996), chats. 10 and 12。

[2] 参见 *Prot.* 352b-c。

[3] 关于斯多亚学派对这个术语的使用,见 DL 7.159 以及 Aetius 4.21.1-4(LS 53H)。

我们的灵魂中,没有什么无理性的部分来产生无理性的欲望——这些欲望独立于我们所具有的一切信念,构成了我们行动的动机,甚至还有可能压倒理性并让我们违背自己的信念而行动。我们的行为方式完全取决于我们的信念。如果我们的行动是完全非理性的,这也不是因为我们受到了无理性欲望的驱使,而是因为我们具有极为不合理的信念。要想充分理解斯多亚学派为什么否认灵魂具有不同部分,我们就得考虑一下对立的观点,即"灵魂具有一个无理性的部分",而这个观点自然地含有两个进一步的观点:第一,既然灵魂是根据本性而划分为不同的部分,那么,我们就同样是根据本性具有这些无理性的欲望,因此,具有这样的欲望就是极其自然的和可以接受的;第二,这些欲望——至少在恰当地予以限定和引导的条件下——旨在获得某些真正的善物,例如我们所需的饮食,或是旨在避免某些真正的恶事,比如死亡、伤残或病痛。这就是为什么我们会依据自然本性而具有这些欲望。

斯多亚学派反对这种观点,他们论证说,这些被认为自然的欲望,以及一般而言我们所有的情感,比如愤怒或恐惧,其实根本不是自然的。因为它们并不是自然地追求某些善并躲避某些恶。根据斯多亚学派,这些被认为是自然的欲望和情感,它们旨在获得或避免的东西并不是真正的善或恶:唯一的善是智慧或美德,唯一的恶则是愚蠢或恶习。其他一切事物都是无关善恶的(indifferent)。因此我们不可能根据本性而具有一个无理性的灵魂部分,并由这个部分的欲求（appetites）和恐惧推动去追求某些善、躲避某些恶。这些欲求和恐惧的原因不应该在灵魂的那个被认为是无理性的部分中去寻找——欲求和恐惧是这个部分的自然情感，而应该到理性的信念中去寻找。按照这些信念，这些东西是善的并因此令人渴望，那些东西是恶的并因此令人厌恶——而事实上这些东西既非善的也非恶的，它们只是无关善恶的。

在斯多亚学派看来，对灵魂加以划分威胁到人的整体性，并模糊了我们对自己身上那些无理性的欲望所负有的责任。这种划分激发了一个观点，即认为灵魂的理性部分就是我们的本质所在，它与一个很难驾驭的、无理性的动物灵魂及其动物欲望共存于人类的身体当中。它还激发了一个观点，即我们的责任就是要驯服这个难以驾驭的动物，在我们身上确立理性的统治，并由此创造一个统一的人。我们面对且不得不应付这个往往极为强大和野蛮的动物灵魂及其天然欲望，这不是我们的责任，而只是一个无法改变的事实。斯多亚学派反对这种观点，他们论证说，灵魂的这个被认为是无理性的、动物的部分及其所谓的无理性的动物欲望，在以下意义上其实是我们心灵的创造。[4]并不是因为我们具有一个无理性的灵魂部分，于是就自然地具有这些欲望。而是我们的心灵产生了这些无理性的且常常十分惊人的欲望。正是一种纯粹的合理化过程产生了灵魂的无理性部分，并将对这些欲望的责任转交给这个部分。这些欲望实际上是我们自己

---

[4] 参见 Plutarch, *De Virtute morali* 441c-d (LS 61B, 9-11)。

创造出来的，因为我们的心灵或理性具有某些信念和态度，并因此产生了这些欲望。

与柏拉图不同，亚里士多德一度相信，我们并非天生具有理性，而是具有一个其他动物也具有的无理性灵魂，不过二者的差别在于：第一，这个无理性的灵魂有一种特别的能力，可以存储并处理感知信息，并由此积累一定程度的经验，而其他动物则无法达到这个程度；第二，这种灵魂不仅能够鉴别重复出现的特征，而且也能加以识别。正是由于具备这种能力，人类在其自然发展的过程中也发展出各种概念，并因此而变成有理性的存在。理性可以说是从我们天生具有的无理性灵魂中生长出来的，并与后者一起构成了某种二分的或三分的灵魂。[5] 我们所接受的教养已经包含了对这个无理性灵魂的训练和习惯化，在理想的情况下，是要通过这种方式来使之具有合理的欲望。一旦我们具有了理性，这就会在很大程度上影响我们的无理性灵魂运行的方式。而现在，通过自己具有理性，我们就能让灵魂的无理性部分只产生合理的欲望。或者我们至少可以做到，当无理性的部分产生那些并非合理的欲望时，我们不会按照这些欲望行动。但是，无论我们的无理性欲望与理性多么一致，它们自身仍然

---

[5] 为了与亚里士多德学说相一致，我认为弗雷德所说的"理性的生长"不是指人类理性能力的来源，而是指出生后的推理活动的发展。参见 *Metaphysics* 1.1, 980a29-b13；以及 *Posterior Analytics* 1.1, 2.19。关于这一点，感谢阿兰·寇德和多萝西娅·弗雷德所做的相关讨论。

是我们生来具有的动物欲望——即使这些欲望如今已被我们自己的理性加以形塑。只要理性尚未实现对于灵魂无理性部分的完全控制，我们有时也会继续像自己天生的样子、像动物那样行动，也就是仅仅按照冲动或无理性欲望去行动，而不是按照理性的欲望去行动。[6]

相比较而论，斯多亚学派则相信，在我们自然发展的过程中经历了一个更为彻底的变化。[7] 当我们在母体之中还是个胎儿的时候，就像植物一样。我们的行为受某种自然本性（physis）主导，就像植物的活动受到其自然本性主导一样。当胚胎充分发育时，出生时的冲击就把这种自然本性转变为无理性的灵魂。我们就变得像动物一样，受到无理性欲望的刺激或因无理性的冲动而行动。但是当我们长大后，我们就发展出了理性。我们逐渐具有概念，并且开始理解自身运作的方式，理解为什么我们会像现在这样行动。但是这种理性也不像亚里士多德和柏拉图所认为的那样，是灵魂的某个进一步的附加部分。它是我们与生俱来的无理性灵魂完全转变为理性灵魂（或者说理性或心灵）的结果。这种转变也将无理性的欲望转化成理性的欲望，而我们的成长过程中都具有无理性的欲望，在我们还是孩子的时候它们就推动着行

---

[6] 见本书第 21 页。
[7] 基本的文本证据可见 LS 39E, 53B, 57A。关于对这一点的扩展讨论，参见 Frede, "Stoic Conception of Reason", 50-53；以及弗雷德的文章 "On the Stoic Conception of the Good", in K. Ierodiakonou, ed., *Topics in Stoic Philosophy* (Oxford, 1999), 73-75。

动。一旦我们成为理性的存在者，在我们这里就不再有无理性的欲望了。它们都变成了某种极为不同的东西。

说这些无理性的欲望在变成理性欲望的过程中成为迥然不同的东西，这就是承认存在着某种连续性。为了明白这种连续性是什么，我们就得简要地看一下，斯多亚学派如何理解其他动物的欲望或冲动。他们的观点与亚里士多德非常相似。动物感知事物。在这种感知中，它们就对所感知的事物具有了某种印像（*phantasia*）。[8] 现在，动物也会将事物感知为令其愉快的、满意的以及有助于它们保持自然状态的，或是感知为令其不愉快的、不满意的、不利于它们生存的。这样一来，它们就发展出对于某些事物的喜爱以及对于其他事物的厌恶。这就对动物形成的印像有了某种影响。如果动物现在将某个事物感知为自己喜欢或是不喜欢的，那么它具有的印像就具有了某种影响。在一种情况下，它可以是一个令人喜爱的印像，在另一种情况下则成为令人讨厌的印像。有了动物自身的这种复杂性，一个令人喜欢或讨厌的印像就可以产生过去关于这类事物的记忆，以及对未来的期望。不过，无论印像是否产生这些记忆或期望，在恰当的环境中，它会因其自身具有的影响而构成某种冲动——或是去

---

[8] 关于斯多亚学派的"印像"概念，相关文本的翻译和讨论见于 LS 39。弗雷德在此处对该理论的讨论亦可参阅其文章 "Stoics and Skeptics on Clear and Distinct Impressions", in M. Burnyeat, ed., *The Skeptical Tradition* (Berkeley, Calif., 1983), 65-93，该文章亦收入弗雷德的《古代哲学论文集》(*Essays in Ancient Philosophy* [Minneapolis, Minn., 1987])，第九章。

追求所感知到的事物，或是避开它。如果一只肉食动物（比如狮子）感到精疲力尽或是饥肠辘辘，如果它对眼前的一块好肉有好的印像，那么这个印像本身就足以促使它去设法得到这块肉。而如果这块肉（某只小动物）对近在眼前的狮子没有好印像，那么这个不好的印像就足以促使它躲开狮子并逃之夭夭。这种印像被称为"促发性的"（hormētikai），因为它们驱使动物做出行动。[9] 正是这些印像构成了动物或孩童追求或躲避某个事物的欲望。

在斯多亚学派看来，在孩子和成年人之间，就存在着这样的连续性——作为成熟的人，我们继续具有这些促发性的（impulsive）印像。而在下面这个双重事实当中则存在某种不连续性：这些促发性的印像现在具有某种完全不同的特性，它们自身不再形成一种足以促使我们采取行动的冲动。要使我们做出行动，这些印像就需要某种来自理性的赞同或接受。只有当理性同意某个促发性的印像，它才会形成一个确实有效的冲动。所以，一个人类的冲动、一个理性的冲动就具有两个要素：某种促发性的印像，以及理性对这种印像的赞同。

下面我们来更具体地看一下这两个要素，首先看一下促发性的印像。根据斯多亚学派的观点，所有的人类印像，无论是不是促发性的，都与动物的印像不同，因为它们是理

---

[9] 关于这个术语，参见 Stobaeus, *Ecl.* 2.86-87（*SVF* 3. 169），以及 Epictetus 1.1.12；相关讨论参见 Inwood, *Ethics and Human Action*, 55-63。

性的。[10]动物的印像是在非理性的灵魂之中,由这种灵魂形成的,因此它们就缺少一种所有成年人的印像都具有的独特特性(因为这种特性是在理性之中,由理性形成的):成年人的印像并非只是用这样或那样的方式来呈现一个事物,而是用一种可以具备命题内容(propositional content)的方式被明确地表达出来。这种印像的意思是说,某个事物的确如此。因此它们就是真的或是假的。它们的形成就涉及使用概念和设想事物的不同方式。因此,斯多亚学派也会将这些理性印像称为"想法"(noēseis)。在他们看来,甚至我们在看到某事物时所具有的感知印像也是这种想法,尽管是通过某种特定的方式(各种感知)产生出来的想法。

　　这里还有一点需要强调。很明显,斯多亚学派的观点是,理性的冲动是复合物,其中包括一个被动的要素(印像)和一个主动的要素(赞同)。印像是你觉得自己具有的某种东西。于是问题就在于,你用你觉得自己具有的那个印像来做什么?比如说,你是否赞同它?为了表明印像所具有的这种被动的、接受性的特征,斯多亚派学说的创始人芝诺(Zeno)将该特征描述为某种 typōsis,也就是某种印记(imprint)或印像。[11]因此,西塞罗有时候将斯多亚学派用来指称"印像"的那个标准术语(phantasia)译为 impressio(见 Acad. 2.58)。这就是为什么我们后来会使用 impression 这

---

[10] DL 7.51(LS 39A).
[11] SVF 1.58.

个英文术语。

芝诺之后又过了两代,到了克里西普斯(Chrysippus)这里,他就已经反对这种对印像的描述了。[12] 我认为克里西普斯之所以这么做,是因为这种描述在以下方面相当具有误导性:诚然,我们不会像画一幅画、制作一幅地图或是描述一个人那样,主动地形成某个印像,也就是对于事物的某种再现。印像的形成不需要我们的作为。但是这不应该模糊一个事实:印像形成的方式反映了它是在心灵之中,由心灵形成的。这就是为什么动物在其灵魂中形成的印像会根据动物的种类而彼此不同,这也是为什么我们的印像不同于其他动物的印像而具有命题内容,因为我们的印像是在心灵或理性之中并由这二者形成的。不过,由于这一点,我们也就很容易看到,为什么哪怕是对同一个物体的印像,在不同的人那里也会有所不同,因为它们反映出不同心灵之间的差异。情况肯定就是这样的,因为比如说并非所有人都具有完全相同的概念或思维习惯,同样的经验或信念。因此,印像就是我们觉得自己现在具有的某种东西,这是肯定没错的。但是,要说我们全然不知道我们每个人所形成的印像的具体细节,那就肯定不对了。印像在很大程度上反映了特定心灵的信

---

[12] DL 7.50 (LS 39G) 以及 Sextus Empiricus, *Adversus mathematicos* 7. 229-231。从这些文献来看,克里西普斯反对的是对"印像"(impression)这个术语加以字面化的解读,因为这种解读会将心灵从我们对"修正"(modification)的经验中排除出去;"修正"是克里西普斯自己爱用的术语,由多个对象在同一时间的表现构成。

念、习惯和态度，后者是在特定的心灵中，由特定的心灵形成的。

对于一般而言的印像来说成立的东西，对于促发性的印像也成立。促发性的印像是将一个人思考事物的方式和习惯反映出来的想法（thoughts）。不过，我们现在的焦点在于这些印像的促发性特征。假定你用一把生锈的刀割伤了自己，伤得很严重。根据你的信念，你可能会产生一个念头，认为自己被感染了。而且你可能还会有进一步的念头，认为自己可能死于这次感染。此时此刻，这就是你觉得自己当下具有的一个单纯的印像或想法。这个想法是令人不快的，甚至是令人不安的。也就是说，这个单纯的想法本身就是令人不安的。于是这里就产生了问题：印像所具有的这种令人不安的特征，其来源和本质究竟是什么？

在斯多亚学派看来，有两种可能。第一种可能是：你错误地相信，死亡是一种恶，甚至可能是一种极大的恶。那么，"你可能会死"这个单纯的印像肯定就会十分令人困扰。第二种可能则是：你正确地持有的信念并不是"死亡是一种恶"，而是"试图避免死亡是自然的，而在其他条件都相同的情况下，本性对你来说意味着试图避免死亡"。因此，"你可能会死"这个印像就具有某种警示性，令你处于戒备状态。这就具有某种目的论的功能。它提醒你有必要保持警惕。而且，通过某种自然机制，你的整个身体都会进入戒备状态，准备在有必要的情况下采取行动。但是，尽管这个印像是警示性的，却不是特别令人不安。因为你毕竟头脑清醒，知道会有很多错误的报警提示。而就算真的有理由提出警示，你（作为斯多亚主义者）也知道，自己所要做的一切不过是尽自己所能避免死亡。这就是你打算要做的。其实你并不是真的必须避免死亡，那取决于神意。所以，"你会不会死"这个问题在这一意义上对你完全没有影响。这看来应该是神的问题。

但是，如果一个人相信死亡是极大的恶，那么印像的警示性特点（在目的论意义上只是一个信号，以使人提高警惕）就转化成一种极其令人不安的经验，由此，整个身体都会进入一种不安的、忐忑的或是兴奋的状态，这就可能影响到理性的运行。后来的斯多亚学派会把带有这种色彩的以及或许伴有某种身体状态的印像称为 propatheia，即某种"最初的激情"。[13]

我们必须牢牢记住，尽管对于一个处于极度不安状态的人来说，这一点并非如此清楚，但是迄今为止我们所讨论的只是单纯的印像或想法。正如这种想法可能很自然地出现在你的脑海中，它同样也有可能是假的。毕竟我们尚未查明或尚未决定，我们是否真的受到了感染。而且我们也尚未考虑，我们是否应该相信一个人可能会死于这种伤口感染。迄

---

[13] 弗雷德将"最初的激情"这个观点归于晚期斯多亚学派，这肯定是对的，但是 propatheia 这个词实际上是在亚历山大里亚的斐洛（Philo of Alexandria）那里第一次与这个观点联系起来，后来奥利金和杰罗姆（Jerome）也在这二者之间建立了同样的联系。参见 M. Graver, "Philo of Alexandria and the Origin of the Stoic προπάθειαι", *Phronesis* 44(1999): 300-325。

今为止我们所有的只是单纯的念头。现在看来，除非一个人相信自己已经伤口感染而且人们可能死于这种感染，否则他就不会害怕自己可能会死于这一次的伤口感染。一方面，我们显然必须将担心（concern）和恐惧（fear）区分开来，另一方面则必须将印像的警示性特点和令人不安的特点区分开来。有智慧的人会担心，而相信"死亡是一种恶"的愚蠢之人则会害怕。因此，根据斯多亚学派，恐惧只是错误的信念，即认为恶正在降临或者可能降临——这种信念源自对于某种极其令人不安的印像的赞同，而这种印像之所以令人不安，是因为人们可能会错误地将这种情形看作一种恶。斯多亚学派有时候也会将"恐惧"看作伴随着特定身体状态的信念。

斯多亚学派也用同样的方式来讨论"欲求"（appetite），后者被认为是灵魂的无理性部分的自然欲望。事实上，欲求只是某种特定类型的信念，这种信念源自对于某种极其令人愉快的印像的赞同，即人们看作某种善的事情正在发生或即将来临。这种印像具备极度令人愉快和促发性的特点，该特点产生于一个错误的信念，认为正在发生或即将来临的事情是某种善。斯多亚学派认为所有情感（例如愤怒）都是受到误导的信念——而在柏拉图和亚里士多德那里，情感被认为源自灵魂的无理性部分。斯多亚学派将这些情感称为 pathē（激情），也就是说，是由心灵产生的病态情感（pathological affections）。斯多亚式的有智慧的人不会经历这种激情。他是不动心的（apathē）。但这绝对不是说他没有任何情感。他懂得担忧（这是一种与恐惧相对应的情感），也懂得合理的意愿（与欲求相对应），他也懂得欢乐，懂得在获取真正的善时所具有的那种兴高采烈的满足感，这与获得某种想象的善所感到的那种快乐是相反的。[14] 关于促发性的印像，以及这种印像是如何强烈地依赖于人们自己的心灵和理性，我们就说到这里。

关于赞同，我们现在可以简单地说一下。动物只能依赖其印象，或者至少在很大程度上依赖其印象。它们几乎没有办法将可信的情况和误导性的情况辨别开来。但是我们的印像可以有真有假。我们也有理性，这就让我们可以先批判性地审查我们的印像，然后再接受它们，认为它们是真实可信的。在这里，重要的是要记住，我们的印像不是只有命题内容。在感知印像那里，这一点就很明显。但是我们也已经看到，"某人可能死于某种感染"这一想法，尽管具有同样的命题内容，但也可以具有不同的影响，而这种影响被看作想法或印像的一部分。因此，虽然赞同一个印像主要在于接受其命题内容为真，但也在于接受它的所有细节，比如说，接受该印像（尽管它并不清楚也不鲜明），也接受它的影响。当一个人有了某个促发性印像时，他可能会接受其命题内容，但是觉得其促发性特征不太恰当，于是出于这个考虑而拒绝赞同该印像。

---

[14] 斯多亚学派将有智慧的人所具有的这种情感反应称为 *eupatheiai*，即"良好的感觉"（DL 7.116 [LS 55F]）。

还有最后一个细节，我在这里仅仅提一下。"赞同"这个概念，就像其对应的法律概念"同意"（consent）一样，也可以被很宽泛地加以解释。就好像默许某人统治和支配自己可以被解释为"赞同"这个人的统治一样，"赞同"一个印象也不一定要有某个明确的"接受"行动。不反对某个印象，而只是加以默许，以及事实上依赖于该印象，这都足以构成"赞同"，就像足以构成一种明确的"接受"一样。

如果我们现在回到这个问题，即斯多亚学派如何看待被柏拉图和亚里士多德描绘为"无理性的"那些欲望，那么就应该很清楚，为什么斯多亚学派会认为这些欲望完全是理性的，全是理性的产物。对于斯多亚学派来说，在"欲望"（desire）这个词里，存在着某种模糊性。如果我们用"欲望"来指某种实际上推动我们采取行动的冲动，那么在斯多亚学派看来，我们所讨论的实际上是某种信念，而这种信念是由理性对于某个促发性印象的赞同来构成的。另一方面，如果我们像柏拉图和亚里士多德有时候明显所做的那样，用"欲望"来指一个可能被某个相冲突的欲望压倒的动机，即某个可能推动我们采取行动，但也可能无法这样做的东西，那么，根据斯多亚学派，我们所讨论的就肯定是一种促发性的、理性的印象。这种促发性的印象就是由理性形成的。

无论我们如何解释上述细节，对于"意志"概念的出现来说，有一点是绝对关键的。若不做出如下假设，斯多亚学派用来反对柏拉图和亚里士多德的例子就完全不成立。该假设认为，除非行动者实际上是真正被强迫采取某个行动,否则一切行动都预设了理性的一种行为,即赞同某个恰当的、促发性的印像。这种赞同将会构成某种理性的冲动,后者似乎可以促成或推动产生行动。所以,一切人类欲望(orexis)都是理性的欲望。因此,一个成年人的任何欲望都是意愿(boulēsis)。于是在这里,我们确实有了一个在柏拉图和亚里士多德那里未曾出现的"意愿"概念,一个令我们得以提出以下主张的概念,即当一个人并非由于受到强迫或出于无知而行动时,他就是自愿地或出于意愿地行动。[15] 不过,斯多亚学派如今对这些意愿做出了区分:一种是更窄意义上的"意愿"(boulēsis),也就是合理的意愿,只有有智慧的人才有这种意愿;另一种是欲求(epithymiai),即并非合理的意愿,我们这些没有智慧的人都有这种意愿。[16]

这样一来,我们现在就有了"赞同"概念,并因此有了恰当的"意愿"概念,但是我们还没有"选择"概念,更别说"意志"概念了。为了看清我们是如何获得这个"意志"概念的,就得稍微回溯一下。从之前所说的可以清楚看到,根据斯多亚学派,我们的整个生活大概都是由我们赞同和不赞同的事物构成。因为我们的信念就是某种赞同,我们的欲望也是一样,它们只是信念的特殊形式。确保我们的生

---

[15] 亚里士多德也将这种并非出于强制或无知而做出的行动称为自愿的(hekōn, EN 3, 1111a22-24),弗雷德在本书第24页也说到这一点。不过按照弗雷德的解释,亚里士多德所用的术语缺少后来唯意志论的内涵。
[16] DL 7.115. 这种区分不应该模糊一个事实(而如果我们单独阅读以下文献,比如说 Stobaeus, Ecl. II, 87, 14ff,这一点就不太明显),即对于斯多亚学派来说,一切欲求也是意愿。

活过得好,其实就是在恰当的时候对事物予以赞同,在不恰当的时候不予以赞同。下面这个事实加强了对我们的内在生活的这种关注:按照斯多亚学派的观点,智慧就是唯一的善,有智慧的生活就是好生活,其他一切事物都不重要。如果一个人有智慧地行动,(对我们来说)他的生活就充满了不可思议的满足与狂喜,无论他将遭遇什么,无论他会不会被折磨、致残甚至杀害。有智慧的人通常会关心如何躲开这些不幸,但是如果不幸真的发生,他也不会受其影响,因为他所关注的只是有智慧地行动,也就是在恰当的时候对事物予以赞同,在不恰当的时候不予赞同。于是,一个人的全部生活焦点如今都在于他的内在生活。而且还有一个因素进一步加强了这个关注,即"外部世界的进程是被预先决定的"这一假定。有智慧的人所能做的,无非是试图避免死亡,但是如果他无法做到这一点,那么他就将之看作一个确切的迹象,表明有智慧的自然(nature)意欲让他死去,因此死去对他来说就是一件好事。如果他无法避免即将到来的死亡,那么他必须做的就只有赞同这个想法:自己将要死去,而这一定是一件好事。

不仅如此,除了这种对内在生活不断增强的关注之外,我们还必须注意晚期斯多亚学派所强调的如下假设:哲学理论自身并不是目的,而是一种生活的手段,而且斯多亚学派坚持认为,将这种理论应用于生活必须要有大量的关注和反思,去关注和反思一个作为个体的人实际上如何发挥作用,这不仅包括大量的实践(*askēsis*),也包括练习学会以恰当的方式去思考并做出相应的行动。因此，晚期斯多亚学派将会转向这种内在生活，在某种意义上它被认为能帮助我们学会如何恰当地对事物予以赞同。其中一位哲学家就是爱比克泰德（Epictetus），他生活在公元1世纪到2世纪的转折期，是当时最受尊崇也最有影响的斯多亚派哲学家。

**爱比克泰德与第一个"意志"概念**

在爱比克泰德的《谈话录》（*Discourses*）中，*prohairesis*（选择）概念可能占据了中心地位。[17] 正是我们所做的选择决定了我们是人，是什么样的人；也正是我们的选择决定了我们的行为方式；我们最需要考虑的就是我们的选择，而只有我们的选择才是那个最终决定一切的东西。现在，有了之前的讨论，我们可能更容易理解这一点。既然我们的目标在于某种好生活，我们关注的就应该是赞同正确的印像，尤其是赞同那些正确的促发性印像，这些赞同会构成理性的冲动或欲望，并令我们按照恰当的方式做出行动。因此我们可能会认为，对我们的促发性印像的赞同，构成了一个要按照某种方式行动的选择；并且认为，在爱比克泰德的思想中占

---

[17] 比如可参见 1.4.18-21，1.17.21-28，2.2.1-7，3.5.3，3.6.4，3.9.11。关于爱比克泰德的"选择"概念，相关讨论包括 C. H. Kahn, "Discovering the Will: From Aristotle to Augustine", in J. M. Dillon and A. A. Long, eds., *The Question of "Eclecticism": Studies in Later Greek Philosophy* (Berkeley, Calif., 1988), 251-255；R. Dobbin, "Prohairesis in Epictetus", *Ancient Philosophy* 11(1991): 111-135；A. A. Long, *Epictetus: A Stoic and Socratic Guide to Life* (Oxford, 2002), chap. 8；以及 R. Sorabji, *Self* (Oxford, 2006), chap.10。

据核心地位的 *prohairesis* 概念就是心灵做出选择的倾向，而正是这种倾向使得我们按照我们实际上所采取的方式来行动。

但是事情更为复杂。从 *prohairesis*（选择）这个词本身就能看出这一点。令我们好奇的是，爱比克泰德居然会用它作为这么关键的术语，因为这个词与亚里士多德及漫步学派的学说之间具有非常紧密的联系，而且直到爱比克泰德为止，这个词在斯多亚学派的思想中没有任何地位。我们还应该记得，在亚里士多德那里，意愿和选择是通过下面这个事实加以区分的：选择就在于意愿（或者说想要）某个取决于我们、在我们能力范围之内的事物。

很明显，这一点在爱比克泰德的思想中是非常重要的。在经典斯多亚主义那里，"取决于我们"（*eph' hēmin*）这个词组的用法会产生以下含义：如果一个行动得以完成是我们赞同某个相应的促发性印像的结果，那么这个行动就取决于我们。因此，穿过这条马路是由我来决定的，因为过不过这条马路取决于我对下面这个印像的赞同：穿过这条马路是一件好事。但是爱比克泰德是在一个窄得多的范围内使用"取决于我们"这个词组。[18]他坚持考虑这样一个事实：在这个世界上，没有任何一个外在的行动是完全由我们控制的。我们可能出于各种琐碎的理由而无法成功地走过这条马路，但

---

[18] 这是 Epictetus 1.1 讨论的主题。参见 S. Bobzien, *Determinism and Freedom in Stoic Philosophy* (Oxford, 1998), chap. 7。

是最终的原因则在于,"我们应该穿过这条马路"这件事并不在神的计划之内。斯多亚学派一直以来都采取这个观点,因此,爱比克泰德是在更窄的意义上使用"取决于我们"这个表述,但这种做法其实很难产生真正的变化,而只是转换了重点或焦点。爱比克泰德想要我们关注的是,是否赞同"穿过这条马路"这个促发性印象,这取决于我们,但是穿过这条马路并不取决于我们。所以我们能选择是否赞同"过马路"这个印像,我们也因此可以意欲(will)穿过这条马路,但是我们无法选择或决定穿过这条马路。为了提出这一点,爱比克泰德采取了亚里士多德的术语及其对于意愿和选择的区分,他也提到了选择赞同穿过马路但并不意愿穿过马路。

另外还有一个要点,我们应该加以注意。很明显,"赞同"在爱比克泰德那里并没有像我们所预期的那样占据核心地位。他愿意更为一般地谈论我们"对印像的使用"(chrēsis tōn phantasiōn)或我们处理印像的方式。赞同印像只是我们能够对它们所做的一件事情,尽管是最重要的事情。因此,现在变得清楚的是(爱比克泰德也明确阐明了这一点):取决于我们的事情,即依赖于我们的选择的事情,也就是我们处理自己的印像的方式。我们可以审查印像,反思它们,试着令它们变得缓和并逐渐消失,细想它们并且(当然会)加以赞同。但是赞同也只是取决于我们的一件事情,是我们能够选择去做的一件事情。而且,即使我们的选择表明了我们是什么类型的人,它们也并不像我们一开始所认为的那样是一种选择用某种方式行动的倾向(因为我们并不具有这种选择),而是一种选择用某种方式处理我们的印像的倾向——最为重要的是,选择如何赞同促发性印像。你选择给予的这种赞同将会构成一种意愿,而这种意愿就是促使你以某种方式行动的冲动。因此这种能力和倾向就可以被称为"意志",因为它说明了你意愿自己去做任何事情的意愿。但是意志之所以被称为prohairesis(选择),而不是boulēsis(意愿),乃是为了标明它是一种进行选择的能力,而意愿只是这种能力产生的结果。这确实是我们第一次具有"意志"概念。

之所以发展出这种意志概念,显然是为了查明我们对于行动的责任来自何处,是为了确切地界定究竟是什么东西令这些行动成为我们自己的行为。克里西普斯说过,取决于我们的事情就是比如说要不要过马路。而且他也解释了这一点——他说,要不要赞同恰当的促发性印像,这取决于我们。而现在,爱比克泰德告诉我们,"取决于我们"在两种情况下的含义是不同的。第二种情况下的含义更窄也更严格:根据这个含义,是否赞同印像取决于我们。对于这个说法究竟意味着什么,我们得到了一个说明。我们可以选择或决定赞同某个印像,但也可以选择或决定不予赞同。这个选择是由意志来说明的。在说明你的选择时,意志也说明了你的意愿。但是"做或不做某事都取决于你"的意思就与此不同了,因为你能选择予以赞同,但无法在同样的意义上选择做某事。

这里还有很多细节值得详细讨论——虽然我不会这样

做,但是我想至少可以简要地提一下。按上述方式设想的"意志"可以是好意志,也可以是坏意志,这主要取决于我们根据该意志做出的选择是好是坏。我们可能不喜欢自己所做的选择,并因此不喜欢自己所具有的意志。我们可能意愿具有一个能做出不同选择的意志。例如,我们可能意愿具有一个意志使我们不再选择去赞同那些诱惑性的印像,比如当我们面对一块好吃的蛋糕时所具有的印像。因此,有一些二阶的或更高阶的意愿,它们能够为意志赋予一定的结构和稳定性。我们还应该注意到,我们在这里所设想的意志能够选择去赞同一个普通的、非促发性的印像,比如"明天要下大雨"这个印像,而有了这个赞同,我们就相信明天会下大雨。所以在这个意义上,我们所相信的东西就取决于如此设想的意志。然而,这根本不意味着我们意愿相信某事。我们至多能被说成决定去相信某事。因为只有当意志选择予以赞同的东西不是一个普通的印像,而是一个导致行动的促发性印像的时候,我们才具有一个意愿。换句话说,并不是意志的每一个活动都是意愿或意志力(volition)。不仅如此,我们迄今所说的一切都尚未表明,意志在其选择上是自由的。它能做出某个特定的选择,也可能无法做出某个特定的选择。[19]但是,在我们迄今所做的讨论中,也没有什么东西迫使我们假设,意志能够自由地选择是否予以赞同,或者是否

*48*

---

[19] 我在这一句的"选择"前面加上了"特定的",并在下一句中加上了"自由地",我相信添加这些词语可以将弗雷德想说的要点表达得更清楚。

对这个或那个印象予以赞同。意志能够选择或决定赞同某个给定的印像，但也可能无法做到这一点。

一旦我们将意志理解为做出选择和决定的能力，这个意志概念就包含了这样一种能力：选择赞同促发性印像，并由此选择要去做某件事情。因此，意志就用这种复杂的方式说明了一种特定的行动——其他古代哲学家和我们自己都会将这种行动称为"我们选择或决定做某事"。接下来，我将主要聚焦于作为一种能力的意志，即在"究竟要做什么"这个问题上做出选择和决定的能力。

于是，在斯多亚学派这里，我们第一次获得了"意志"的概念，它是心灵或理性的一种能力，做出选择和决定的能力。尽管这种能力是我们所有人都具有的，但在不同的人那里它形成和发展的方式也不同。它如何发展关键取决于我们自己对发展这种能力的关切以及所做的努力，而我们也可以忽视这种能力的发展。如此形成和发展的意志就说明了，不同的人会做出不同的选择和决定。正如我们已经看到的，斯多亚学派之所以用这种方式来设想"意志"，是因为他们否认灵魂中存在着一个或多个无理性的部分。因此，柏拉图主义者和亚里士多德主义者不接受这种特定形式的"意志"概念，他们坚持认为，灵魂中有一个无理性的部分。

## 第四章

# 意志概念的发展：晚期柏拉图主义与漫步学派

到了公元2世纪时，亚里士多德主义和柏拉图主义已经开始令斯多亚主义黯然失色，而到3世纪结束之际，斯多亚主义就不再有追随者了。所有哲学家现在都选择了某种形式的柏拉图主义，一种一般来说试图整合大量亚里士多德学说（包括其伦理原则）的柏拉图主义。因此，要是柏拉图主义者和漫步学派的人尚未发展他们自己的意志概念，它很可能就从哲学史上消失了。这涉及保留"灵魂是二分的或三分的"这一思想，但也涉及采取一个柏拉图或亚里士多德都未曾想到的关键举动：我们出于自己的意愿（hekontes）而做的一切都预设了理性的赞同。如今，hekōn 这个词实际上最终意味着"自愿的"或"意愿"。

这种转变很大程度上是由亚里士多德，特别是柏拉图的某些说法促成的。我们倾向于——或至少很长时间以来一直倾向于——这样理解柏拉图和亚里士多德，就好像他们都主张说，理性的职能就在于向我们提供正确的信念——或更确切地说，知识——和理解，而灵魂的无理性部分的任务则是，按照理性所提供的知识和理解，向我们提供激发我们有美德地行动的欲望。但是，我们已经看到，这不是柏拉图和亚里士多德的观点。在他们看来，理性的任务不只是向我们提供适当的知识和理解，也要向我们提供适当的欲望。有美德地行动是要出于选择而行动，出于选择而行动是要按照出于理性的欲望来行动。理性的认知方面和愿望（或意欲）方面联系得太紧密了，因此我们会想知道，是否其实应该把两个东西区分开来——就像我此前所做的那样，一个东西是理性的信念，即相信以某种方式行动是件好事，另一个东西是该信念所产生的理性的欲望；或者，我们是否不应该只认为，我们是由"以这种方式行动是件好事"这一信念激发起来的，并将该信念看作能够激发我们的一种特殊信念，正如斯多亚学派认为欲望只不过是一种特殊信念。

而且，现代学者认为，根据柏拉图和亚里士多德的说法，理性提供了信念，灵魂的无理性部分提供了激发性欲望（motivating desires），这个现代的学术观点是很不恰当的，因为它忽视了他们两人的一个观点：就像理性有一个意欲性的（desiderative）方面一样，灵魂的无理性部分及其欲望有一个认知的方面。人们不应该感到奇怪，因为灵魂的无理性部分被认为与动物所具有的那种灵魂极为类似。而动物有认知。实际上，亚里士多德愿意将相当多的认知能力赋予动物，他认为其中一些动物能够展现很好的判断力和远见。[1] 因此，我们自然想知道，亚里士多德为何否认动物有理性。答案是，他和柏拉图一样，都持有一个限定极为严格的理性

---

[1] 参见 EN 6, 1141a27-28。我补充了"他认为其中一些动物"这个部分。

及知识概念，这个概念要求我们理解，一个人为什么相信自己所知道的东西就是那样，而且只能是那样。理性是令我们得以具有这种知识和理解的能力。这种理解正是动物所缺乏的。这显然为无理性灵魂（因此也包括动物）能够具有的不太高级的认知状态留下了很大余地。[2]

假如我们考虑到，柏拉图和亚里士多德区分了三种形式的欲望，对应于灵魂的三个部分，而且至少在某些时候他们会假设，每一种欲望都有其自然地加以把握的一系列自然对象，那么我们就会更好地理解这一点。基本欲望（appetite）的目的在于令人愉快的东西，后者提供身体上的满足；意气（spirit, thymos）旨在追求光荣的东西；理性则追求善的事物。柏拉图和亚里士多德与斯多亚学派不同，他们都假设快乐和荣誉是真正的善，因此，只要它们是善的事物，理性就会加以追求。这里的假设似乎是，灵魂的欲望部分，尽管是无理性的，却能辨别令人愉快的东西和令人不快的东西。这大概应该服务于一个目的。总的来说，未遭损毁或腐坏的生物体会将有益于健康的饮食视为令人愉快的，将不健康的饮食视为令人不快的。因此，将令人愉快的东西和令人不快的东西辨别开来的能力就有助于生物体维护

---

[2] 我删去了下面这段话，因为它看来是窜入的："事实上，如果我们看看柏拉图在《理想国》中对灵魂的划分（尽管对这个划分的论证立足于一个假定，即欲望可以发生冲突，而冲突只能按照作为这些欲望之主体的灵魂的不同部分来说明），那么结果就会表明，这种冲突既是欲望的一种冲突，差不多也是（斯多亚学派所说的）印像（phantasiai）甚或信念（doxai）的一种冲突。"

自身——如果该生物体的味觉没有被毁坏的话。当我们看到一块美味的蛋糕时，它就成为一个伴有以下印象的欲望：吃这块蛋糕会很令人愉快。而既然基本欲望缺乏理性，那么它与其印象之间就没有实质性的差距。对它来说，有这样一个印象就等同于有了这个信念。同样，既然意气的部分（*thymos*）对荣誉很敏感，它就会具有如下印象：再多吃一块蛋糕就丢人了。

我们也应该记住，按照亚里士多德的论述，无理性的欲望来自如下事实：动物不仅能感知事物，也能把事物看作令它愉快或令它不快的。因此，如果你将所体会到的这种事物感知为令人愉快的，那么，在没有理性干预的情况下，你就有了一个惬意的印象，觉得手边有一个令人愉快的东西，只要抓住它，它就会如你所愿地让你快乐。这是灵魂的无理性部分所产生的印象和期望。亚里士多德评析了鲁莽的不自制（当这种情况发生时，例如灵魂的意气部分就会在愤怒之际鲁莽地抢到理性慎思的前面），他说，易于进入这种状况的人并没有等待理性来达成一个结论，他们倾向于遵从自己的 *phantasia*（他们的印象或形成印象的倾向），而非遵循理性（*EN* 7, 1150b19-28）。因此，这种不自制的人并不是遵从理性，而是遵从印象，后者是由灵魂的意气部分形成的，或者说是在这个部分当中形成的。

因此，晚期漫步学派的成员和柏拉图主义者是在追随柏拉图和亚里士多德，他们认为，一个无理性的欲望是由某种合意的或不合意的印象构成的，其来源在于灵魂的某个无理性部分。通过假设不同类型的促发性印像（impulsive impressions）在灵魂的不同部分有其来源，而不是像斯多亚学派所假设的那样源于理性或心灵，他们就可以保留对灵魂的划分。但是，他们现在可以同意斯多亚学派的一个说法（尽管这事实上暗含了对柏拉图和亚里士多德的严重偏离），即任何印像，不管多么具有诱惑力，都需要理性的赞同才能转变为一个可以激发我们行动的冲动。因此，理性现在确实扮演了两个角色。对于"什么才是一个好的行动"，它具有或形成了自己的看法；对于要不要赞同那些将自己展现出来的促发性印像，它还要做出判断。因此，我们就可以将理性或理智划分成两个部分：认知的部分，以及意志的部分。我们在此后的传统中会发现这种做法，托马斯·阿奎纳就是一个例子。

　　正如我此前指出的，促成这个改变的另一个因素是，我们可以相当宽泛地将"赞同"解释成对某个印象的单纯接受，或是默许，或是向它妥协、屈从于它，而不必涉及某种积极的、明确的、表示赞同的举动。这就是为什么很多哲学家现在乐意采取以下说法：甚至非人类动物也会赞同其印象，因为动物也向这些印象妥协并在行动中依靠它们。[3]

　　在公元前1世纪，有一个重要发展进一步促成了这个改

---

[3] 例如 Nemesius, *De natura hominis* 291, 1-8（LS 53O），更完整的讨论则参见 Alexander of Aphodisias, *Fat.* 182, 16-183, 24。

变。人们通常声称，斯多亚主义者波西多尼乌斯（Posidonius）早在公元前1世纪就批评了克里西普斯的学说，即灵魂的激情在理性中有其来源，并且回归灵魂三分说。这个说法的证据来自盖仑，特别是其《论希波克拉底和柏拉图的学说》（*De Placitis Hippocratis et Platonis*），但是必须慎重处理这个证据。[4] 盖仑是一位极其好辩的作者，在捍卫或发展一个正当理由时几乎不会有什么顾虑。他坚定不移地反对斯多亚主义，并且渴望表明：在他所看重的事情（例如灵魂的划分）上，斯多亚学派的权威人物克里西普斯在否认灵魂三分说时，与该学派的另一位主要人物波西多尼乌斯发生了矛盾。因此，一方面我很赞同约翰·库珀（John Cooper）的一个尝试，即试图表明：盖仑提出了一个完全错误的解释，即波西多尼乌斯认为存在着一个非理性的灵魂部分。[5] 另一方面，显然波西多尼乌斯确实批评过克里西普斯，而且其言论中必定有一些东西导致盖仑用这种方式来解释他的观点。克里西普斯和波西多尼乌斯之间到底发生了什么争论？

从关于克里西普斯和早期斯多亚学派的信息中，我们得到了这样一个印象：人在其自然发展过程中会转变为有智慧、有美德的人，只要这种发展没有受到外部干扰，比如抚养我们的人以及我们生长于其间的社会所带来的腐

---

[4] 参见 L. Edelstein and I. G. Kidd, eds., *Posidonius* (Cambridge, 1972), 1: F157-169。

[5] 参见 J. Cooper, "Posidonius on Emotions," in *Reason and Emotion* (Princeton, 1999)。

败。[6]不过，我们似乎被教导着相信，一切事物都有善有恶——但它们实际上既不是善的也不是恶的，于是我们就形成了相应的非理性欲望（irrational desires），去追求那些全然不恰当却最终引导我们生活的事物。

我认为波西多尼乌斯质疑了这个图景。他对人类历史抱有兴趣，而且好像已经假设了曾有一个田园诗般的、原始的天真状态，在那个状态，人们在没有强迫的情况下共同生活、相安无事，自由地跟随有智慧的人。[7]但是，由于腐败、贪婪、嫉妒和野心，人们失去了这个原始的、天堂般的状态。如今，既然社会还没有腐败，这种腐败就不可能来自外部，不可能来自社会。因此它必定源自内部。如果我们转向内部的弱点，它就必定来自那些有误导性，却又吸引人的促发性印像，我们发现这些印像令人难以抵挡。例如，不妨考虑以下情形：有人因为担忧自己的生命而想逃走。对于一个斯多亚主义者来说，这是一个不合理、不恰当、误导性的欲望，因为只有恶才需要害怕，而死亡不是一种恶。按照斯多亚学派的经典论述，这个不恰当的欲望的根源就在于"死亡是一种恶"这一信念。这不是我们自然地发展出来的信念。我们是从外部获得它的，因为我们成长于相信死亡是恶的社会中。有了这个信念，"一个人可能死于某种传染"这一促

---

[6] 参见 DL 7.89 和在 SVF 3.228-236 所引用的其他文本，以及 I. G. Kidd, "Posidonius on Emotions," in A. A. Long, ed., *Problems in Stoicism* (London, 1971), 206-207。

[7] 参见 Seneca, *Ep.* 90。

发性印像就具有了一种令人极为不安的影响,并且令人很难不予以赞同。

波西多尼乌斯似乎已经提出了问题:这个信念所具有的影响到底是来自某个理性信念,还是来自灵魂的某个无理性部分?甚或来自身体及其构造和状态?它可能是一个生物体(organism)在看到自己的生命受到威胁时所产生的一种自然的、无理性的反应。与此类似,如果我们认为这个促发性印像的影响指的不是一个错误信念("这块蛋糕是个好东西"),而是一个生物体的身体,它精疲力竭并渴望获得某些碳水化合物,那么刚才提出的主张可能就更有道理。波西多尼乌斯是否相信灵魂有一个无理性部分,这从我们的研究目的来看并不重要。重要的是他的这一建议:至少我们的某些印像所具备的促发性特征并非源自理性信念,也并非因此而最终在某种意义上源自外部。相反,这种特征的根源似乎在于我们自身,例如来自我们身体的特定构造或状态,后者令我们渴望某些东西。[8]漫步学派和柏拉图主义者乐于将这种考虑视为对下面这个观点的确认:无理性的欲望是由印象构成的,后者并非源自理性,而是源自灵魂的某个无理性的部分。

第二个或许密切相关的发展必定与斯多亚学派对情感的分析有关。举例来说,如果看看塞涅卡论述愤怒的论著,我

---

[8] "在某种意义上源自外部"这个说法在语法上和含义上都是含糊的。我认为弗雷德想说的是,在波西多尼乌斯所质疑的那个见解中,我们的印像"来自理性的信念,因此""在根本上说"是"我们之外"的因素(社会的错误信念)"在某种意义上"的结果。

们就会很容易感到困惑，评论者一度也很困惑。这是因为，"愤怒"（ira）以及其他用来表示情感、欲望或灵魂之激情的措辞，它们的用法整体上都是模棱两可的。在经典斯多亚学派的学说中，"愤怒"指的是一个人所具有的这样一种欲望或冲动：它使得一个人在愤怒中行动，因为这个人已经赞同、接受以及屈从于那个相关的促发性印像。但是，塞涅卡也用 ira 这个词来指称单纯的印像。[9] 后来的斯多亚学派澄清了"愤怒"或"恐惧"之类措辞的用法，其方式是区分 propatheia（一种初始激情）和 pathos（具备充分力量的激情），前者是一种尚未得到赞同的、单纯的促发性印像，后者则是已经获得赞同的促发性印像。[10] 这个区分或许正好可以追溯到波西多尼乌斯。不管怎样，这就使得漫步学派和柏拉图主义者更容易将其所说的无理性欲望鉴定为促发性印像，而他们认为后者是由灵魂的无理性部分产生的。这个方案对他们来说更顺理成章，因为与斯多亚学派不同，他们认为"具有一个欲望"本身并不意味着由它引发行动。[11] 否则他们就不会假设，欲

---

[9] 如果弗雷德是在考虑 Seneca, *De ira* 2.1.1-2.3.5（很可能是这样），那么，关于塞涅卡完全含混地使用表示情感的语汇这一点，他所提出的观察几乎无法得到拉丁文本的证实。事实上，塞涅卡煞费苦心地将不自愿的印像或冲动与愤怒区分开来（愤怒要求心灵的自愿同意）。然而，塞涅卡的讨论有时候是不严格的，更注重修辞而非一致性；参见 M. Graver, *Stoicism and Emotion* (Chicago, 2007), chap. 4。

[10] 就古希腊思想家而论，能够为弗雷德的要点提供最佳证据的作者是爱比克泰德（虽然他并未使用 propatheia 这个术语），正如 Aulus Gellius 19.1.14-21 处所引用的。

[11] 我插入了"并不"（not）这个词。

望之间可能发生尖锐冲突,而在这种情况下,一个人既可以通过遵循理性来行动,也可以通过遵从身体欲望来行动。

到目前为止,我仅仅讨论了柏拉图主义者和漫步学派需要做什么才能获得"意志"概念(这个概念维护了他们关于灵魂二分或三分的假定),以及什么样的做法更简单——只要他们接受一个假定,即任何行动,任何不是被迫采取的行为,都预设了一个予以"赞同"的行为。我尚未尝试表明,柏拉图主义者和漫步学派实际上就是这么做的。下面我们从"赞同"概念入手来探究这个问题。

我们在很多文本中都发现了这个由柏拉图主义者接手的斯多亚式概念。从波斐利(Porphyry)所著《论灵魂的能力》(*On the Powers of the Soul*)的一个残篇(出现在 Stob., *Ecl.* I.349.19ff)中,我们得知,朗吉努斯怀疑灵魂是否具有给予赞同的力量。但是,正如在其他方面,此处的朗吉努斯似乎是唯一一个持这种保守主义的。在我看来,他极为熟悉他所理解的那个柏拉图,并且批评了当时的其他柏拉图主义者——例如努默尼乌斯(Numenius)对柏拉图哲学的介绍。[12]我认为,朗吉努斯之所以遭到普罗提诺的指责,是因为他是一位语文学家(*philologos*),而不是一位哲学家(Porphyry, *VP* 14)。在柏拉图即将变成"神圣的柏拉图"之时,朗吉努斯仍然毫无顾忌地、不断批评柏拉图的写作风格

---

[12] 关于朗吉努斯,参见 L. Brisson and M. Patillon in *ANRW* II 36, no. 1(1994):5214-5299;关于努默尼乌斯,参见 M. Frede, *ANRW* II 36, no. 2(1987):1034-1075。

（参见 Proclus，in *Tim*.1.14.7）。他是那个时代唯一具有重要影响的柏拉图主义者，坚持一位论的"神"的概念，而不是二位论或三位论的"神"的概念。因此我们不应该对下面这一点感到惊讶：朗吉努斯怀疑——这种怀疑相当正确，柏拉图哲学已经设想了一个关于"赞同"的学说。但是，努默尼乌斯这位普罗提诺之前最重要的柏拉图主义者，采纳了这个学说（参见斯托拜乌斯），就像普罗提诺以及波斐利——他是朗吉努斯和普罗提诺的学生——至少不时所做的那样（参见 Stob., *Ecl*. II.167.9ff，其中提到波斐利的说法）。[13]

在漫步学派那里，我们也发现了这个关于赞同的学说。因此，举例来说，阿弗罗蒂西亚的亚历山大在其《论命运》（*De fato*）中解释说（XI，p. 178，17ff Bruns），人与动物不同，他们不只是遵从其印象，也有理性，而理性允许他们这样来审视其印象：只有当理性已经赞同一个印象时，他们才会开始行动。稍后，还是在同一个文本中（XIV，p. 183，27ff），亚历山大区分了我们自愿做出的（*hekousion*）行动以及取决于我们（*eph' hēmin*）的行动。显然，他心里想的就是亚里士多德所做的区分：我们自愿做出的（*hekontes*）行动，与我们经过选择而做出的行动。我们记得，后一类行动仅限于我们意愿去做并选择去做的行动，而前一类行动也包括了我们受到无理性欲望的激发而做出的行动（参见本书第26页）。但

---

[13] 弗雷德并未列出任何普罗提诺的文献，我在《九章集》（*Enneads*）中只发现了一个例子，是斯多亚学派用来表示"赞同"的措辞，即 *synkatathesis*（*Enn*. 1.8.14）。

是，与亚里士多德不同，亚历山大现在对这两个类型给出了以下描述：前一类涉及的仅仅是理性对印象给予的、未受强迫的赞同，后一类则被认为涉及理性在批判性地评价印象的基础上给予的赞同。因此很清楚，亚历山大甚至认为，一个由于冲动而做出的行动（例如一个不自制的行动）也涉及理性对恰当印象给予的赞同。

我们现在回到柏拉图主义者。有好些段落表明，柏拉图主义者用类似的方式来解释，什么叫作遵循一个无理性的欲望而不是遵循理性。所以，普罗提诺（*Enn.* VI.8.2）提出了一个问题：如果印象和欲望拉着我们去往它们的方向，那么我们如何能够被说成是自由的呢？从上下文中可以清楚地看到，普罗提诺是在谈论无理性的欲望。从那个奇怪的说法（*hē te phantasia… hē te orexis*，"印象和欲望"，跟在后面的谓语动词用了单数形式）中也可以清楚地看出，他把那个无理性的欲望看成是一个印象。

波斐利（参见 Stob., *Ecl.* II.167.9ff）告诉我们，在自然禀赋的引导下、以某种方式来行动的人，也能以其他方式行动，因为印象并没有强迫他对之予以赞同。卡尔西迪乌斯（Calcidius）在其对《蒂迈欧》——这篇对话被认为反映了一个前普罗提诺的思想来源——的评注中声称（在156节），灵魂是自我推动的，其运动就在于赞同（*adsensus*）或欲望，但是这预设了印象，或形成印象的能力，而希腊人将之称为 *phantasia*。不过，他接着说，印象有时候是欺骗性的，会让赞同出错，并导致我们选择坏事情而不是好事情。卡尔西迪乌斯说，在这种情况下，我们是受到印象的诱惑而以这种方式行动，而不是自愿地（by *voluntas*）这样行动。因此，就像阿弗罗蒂西亚的亚历山大（*De fato* XIV，p. 183）以及其他柏拉图主义和漫步学派的作者那样，卡尔西迪乌斯是在维护一个区分：其中一方是意愿（*boulēsis*）做某事，在柏拉图和亚里士多德所说的、狭窄的意义上，另一方则是以这样一种方式予以赞同，使得一个人仅仅因为已经赞同某事，就可以被认为是在一个较宽泛的意义上愿意做某事。

正是这个较宽泛的"意愿"（willing）概念，即赞同一个促发性印象，无论在这样做时是遵循理性还是违背理性，都产生了下面这个意志（will）概念：意志是通过对印象予以赞同而做事情的能力和倾向，无论印象来源于理性还是灵魂的无理性部分，也不管它们是否合理。这样，我们最终就在柏拉图主义和漫步学派的作者那里发现了一个意志概念，比如说，在阿斯帕西乌斯（Aspasius）那里（《亚里士多德〈尼各马可伦理学〉评注》）。[14]

---

[14] 弗雷德并未完成他对阿斯帕西乌斯的引用。我询问罗伯特·夏普斯，问他是否能够提供某个或某些合适的文段，他答复如下："这里的问题是，（我认为）人们并未发现阿斯帕西乌斯确实有这样的说法（如果有人发现的话，那么关于意志概念之起源的诸多学术争论就不那么必要了）；毋宁说，在意译亚里士多德时，阿斯帕西乌斯用一些方式改变或补充了表述（也许在斯多亚主义的影响下），而这些修改方式可以被认为指向这个方向，不管他自己有没有意识到这一点。关于从这个角度对相关评注文段的讨论，参见 Antonini Alberti, 'Il volontario e la scelta in Aspasio,' in A. Alberti and R. W. Sharples, eds., *Aspasius: The Earliest Extant Commentary on Aristotle's Ethics* (Berlin, 1999), 107-141。"

显然，人们看待无理性欲望的方式有所改变，而这一变化产生了相当重要的影响。认为人有时会被对于某事物的强大欲望所压倒，甚至认为理性有时候会被某个强大的欲望所压倒，这只是一方面——我们很容易理解，或者相信自己能理解这种事情是如何发生的。但是，将这种冲突重新定位成在理性或心灵内部的冲突则完全是另一回事。这就将我们的注意力重新集中在想法（thoughts）或印象上面。但是，在这些印象中，究竟是什么东西如此有力，以至于理性可能都无法与之抗衡？

经典斯多亚主义有一个相对容易的答案。如果印象对你具有这样一种支配力，那是因为它们是由理性以某种方式形成的，这种方式反映了你的信念，而既然有了这些信念，毫无意外你就会赞同这些印象。如果你认为死亡是极大的恶，那么当你看到死亡即将来临，你会无法抵挡想要尽快逃走的念头，这也就不足为奇。正是你的理性，你的信念，向你的印象提供了这种力量。但是，如果你并不认为这些印象源自理性，不相信它们的力量是来自你的信念，那就很难理解它们何以对理性具有这样一种支配力量，以至于即使它们几乎没有能力将自己合乎理性地呈现出来，也能设法使理性对之予以赞同。此时，我们必须意识到通过诉诸自由意志即通过如下主张来掩盖问题的危险：这就是具有自由意志的意义所在，即不仅能够赞同那些我们有充分理由认为可以接受的印象，而且也能赞同那些在理性看来毫无价值的印象。我想简要地考察一些古代人的尝试，看他们尝试说明我们错误地予以赞同的印象都具有何种吸引人或诱惑人的特征。不用说，我们是在谈论诱惑，谈论"诱惑"（temptation）这一概念的来源。

在奥利金（Origen）那里，我们得到了一个相对简单且直截了当的观点。该观点立足于如下思想：促发性印象本身具有一个合意的或不合意的特征，在不合理的印象那里，这个特征会将这些印象转变为初始激情（propatheiai）。关于该印象本身，可能会有一些东西令人觉得刺激。奥利金（De princ. III.1.4）谈到了痒痒（gargalismoi）和撩拨（erithismoi），也谈到了该印象所产生的令人舒畅的快乐。现在，你可能会很享受这个印象并沉溺其中。于是它就保留了自身的力量，甚至变得更加强大。也许做出如下假设并不算牵强附会（虽然奥利金并没有明确这样说）：你形成印象的能力以及你的想象受到了你所沉溺的那个印象的鼓舞，于是对它加以美化，使之看起来更为诱人。奥利金倒是明确说出了下面这一点：如果你具有恰当的知识和实践（askēsis），那么你就能驱走那个令人愉快的印象，驱散那个初始的强烈欲望，而不是沉浸在那个印象之中。所以说，无理性的、实际上不合理的促发性印象之所以能获得某种力量，是因为我们沉溺于纯粹幻想所具有的那种令人愉快的特征并从中获得享受。

当我们转而考察沙漠教父中最有影响的苦行作者之一——伊瓦格里乌斯·庞提库斯（Evagrius Ponticus，他对奥利金的忠诚使其无法在神学中产生更大影响，但是并没有妨碍他作为一位精神领袖而产生影响），这些诱惑人的印象就被称为 logismoi（字面上指的是"推理"，但这里最好译为"思想"或"考虑"）。[15] 初看之下，这很令人困惑，因为这些印象的根源在于灵魂的无理性部分甚或在于身体，而这二者都不能进行理性活动。但是我已经指出，我们必须小心，不要忽视如下事实：尽管亚里士多德否认动物具有理性，但他并不否认动物具有相当程度的认知能力，甚至具有某种我们会称为"思考"（即按照经验来进行推断）的能力。只不过亚里士多德没有将其称为"思考"，因为他有一个更高层次的"理性"概念，认为理性涉及理解。若在细节上加以必要修改，我们也可以表明，在斯多亚学派甚至在柏拉图那里，都有类似的观点。相应地，尽管灵魂的无理性部分没有理解或见识，但它对经验很敏感，并且能够形成看法，知道获得某个东西会是多么快乐，也能通过经验而判断出如何获得它。灵魂的无理性部分所缺乏的是理解，特别是对善（the good）的理解，正是这一理解令它明白，为什么沉溺于这个东西所带来的快乐不是一件好事。

怎么会有既源于无理性的灵魂或身体，又能说服理性的 logismoi（思想）呢？一种可能的情况是，理性相信某些

---

[15] 弗雷德大概主要是想起了伊瓦格里乌斯（大约出生于公元345年）一部名为《论思想》（*Peri logismōn*）的著作。在该著作中，伊瓦格里乌斯区分了天使的思想、人的思想以及恶魔的思想，并认为恶魔的思想是由真实存在的恶魔产生的。相关的讨论，包括伊瓦格里乌斯对柏拉图的灵魂三分说的讨论，见 R. E. Sinkewicz, *Evagrius of Pontus: The Greek Ascetic Corpus*（Oxford, 2003）的导论。

快乐是一种善，但不完全清楚眼下的这份快乐到底是不是善。尽管灵魂的无理性部分在这个意义上对理由或推理并不敏感，但理性本身对经验和基于经验的考虑都很敏感。不过，灵魂的无理性部分可以学着变得很有说服力。它可以指出，得到某个事物是多么快乐，以及在这种情况下得到它又是多么容易。就我们所知，要说服理性，并不要求证明，更不用说那种涉及理解和见识的证明了。[16]因此，这里就形成了对下面这个问题的看法：理性如何被说服去同意一个无理性的，甚至是不合理的印象。灵魂的无理性部分提供了它的考虑，提供了在做出一个选择时需要加以考虑的东西，而这有可能说服理性。

但是关于说服的具体方式，仍然存在一些疑难。我们需要说明，理性何以被说服，因为理性认为，灵魂的无理性部分所提供的这些考虑对理性自身的观点（即沉溺于当下的这份快乐不是好事）有某种影响。从最简单、最直截了当的情形来看，我们需要明白，如果理性认为沉溺于这份快乐不是好事，那它为何还会被"沉溺于这份快乐会非常愉快"这一考虑所打动？如果要打动理性，无理性的考虑就必须——或是需要被理性认为必须——对理性自身的观点有某种影响。

但是，现在看来，为了对非理性的印象予以赞同，理性似乎就不得不在如下意义上改变其观点：它将那个无理性的印象（沉溺于这份快乐将是令人愉快的）合理化为一个理

---

[16] 我保留了这句话，但我确实不清楚弗雷德的要点何在。

性的印象（沉溺于这份快乐将是好事），并因此而予以赞同，这样也就间接地赞同了那个无理性的印象。[17]

在普罗提诺那里（*Enn.* VI.8.2），我们确实发现了一个类似的观点。这里的问题是，在什么意义上我们自由地去做我们想做之事，而不只是被周围事物驱使和迫使去做我们所做之事？如果这些事物在我们这里产生了印象和无理性的欲望，而且这些欲望使得我们实际上做出了行动，那么这些行动在任何实质性的意义上都不是我们的行动，而是我们被迫做出的事情，是发生在我们身上的事情。如果我们说，我们的行动不只是欲望的产物，而且也是理性考虑（*logismoi*）的产物，那么我们就不得不问：究竟是理性的考虑产生了欲望，还是欲望产生了理性的考虑？如果是后者，那么在我们所追寻的那个实质性的意义上，我们的行动又一次不是我们的行动。这是因为，虽然我们的行动在我们这里涉及理性考虑，但这些考虑只是我们的无理性欲望的合理化，而无理性的欲望反而是由欲望的对象产生的。

这种看待问题的方式产生了另一个"意志"概念：意志予以赞同或拒绝支持的印象，就像在斯多亚主义那里一样，都是理性的印象。但是，在这些印象当中有一个关键区别。有些印象只是反映了我们对实在的把握、理解或洞悉，其他印象则是我们将无理性的欲望加以合理化的结果。在灵魂中，我们具有这种纯粹的理性印象，普罗提诺将灵魂的这

---

[17] 我补充了"间接地"。

种状态称为"理智化"(intellectualization，VI.8)。[18]后面我们还会详细讨论普罗提诺的观点。在这里，令我们感兴趣的是，普罗提诺的观点会让一个问题变得可理解：理性何以不仅突然间沉默下来，对一个无理性欲望认输，而且还像"意志"概念所要求的那样，通过赞同一个来自该欲望之合理化的印象，或者相应的促发性印象而主动认同这个无理性欲望？

古代晚期的世界不仅充斥着我们所能看见和触及的一切事物，也充斥着无数透明的、无形的存在者，甚或非物质性的存在者——简而言之，充斥着各种各样的精灵鬼怪。它们不一定是理性存在者，但如果它们是，那它们可能会对我们感兴趣，就像我们可能会对它们感兴趣一样。因为，由于它们的灵活多变或表现形式，又或是它们纯粹的精神能力，它们确实知道或者轻易就能知道很多我们看不见的东西。它们也可以格外强大——既然知道物理世界是如何运作的，它们就能操控自然。它们当中有些是良善而仁慈的，这些就是天使。其他的则是彻底邪恶和恶毒的。这些恶魔般的存在者可能会，也可能不会直接支配我们的理智，因为我们的理智(nous)不是自然的一部分，或至少不受制于自然必然性。但是，由于它们知道自然如何运作，它们就确实能够支配我们的身体。在古代晚期，越来越多的人最终认为，我们灵魂

---

[18] 弗雷德指的是 Enn. VI.8.5.35，原文用的古希腊词语是 noōthēnai。

的无理性部分的状态不仅在某种程度上依赖于我们的身体状态，甚至或多或少还是身体的一种功能，而这些精灵对于灵魂的无理性部分也具有极强的支配力。它们能够在你这里诱发无理性的印象和欲望。这些就是魔鬼的诱惑。如果在你的理性的运作中，它通过比如说将这些欲望合理化来加以遵循，那么精灵也能用这种方式操控你的理性。它们对此十分擅长，因为你的心灵或灵魂对它们来说就是一本打开的书。

奥古斯丁（*Contra Academicos* I.17）向我们讲述了一个故事。在他于迦太基求学期间，有一个名叫阿尔比西里乌斯（Albicerius）的人，他拥有一种离奇的知识——不会有人将这种知识与智慧混为一谈。人们可以去向他咨询，自己在何处用错了钱财，或是那些消失的钱财究竟去了哪里。尽管阿尔比西里乌斯没受过什么教育，但他总是知道答案。有一天，不相信这种迷信的弗拉西亚努斯（Flaccianus）去试探阿尔比西里乌斯。他问阿尔比西里乌斯，自己整个上午都在做什么。阿尔比西里乌斯给出了正确而详细的答案，他很震惊，于是就继续问阿尔比西里乌斯，自己此时在想什么。阿尔比西里乌斯不仅能够告诉他他正在想"维吉尔的一首诗"，而且还能告诉他是哪一首诗——虽然阿尔比西里乌斯自己并没有受过教育。

我们现在可能会认为，奥古斯丁及其年轻的友人——特别是在他们皈依后——都不会相信这类事情。但是恰恰相反，就像当时大多数人一样，他们毫无困难地相信了，阿尔比西里乌斯是在利用能够了解人们想法的精灵（daemons）。因此毫不奇怪，在这样一个世界中，在一个甚至无关紧要的精灵都可能拥有这种力量的世界中，人们可能很想知道，自己的选择和决定是不是自由的。之所以如此，尤其是因为当时存在这样一个广泛信念：要是我们知道了个中内情，反过来也可以让精灵甚至神灵去做我们想要它们做的事情，而不是去做它们在没有受到强迫的情况下自己想要做的事情。因此，我们接下来将转向这个问题："自由"的概念和"自由意志"的概念是如何出现的？

# 第五章

# 自由意志概念的发生：斯多亚学派

我们已经看到，斯多亚学派的观点公然违背了那些我们相信并且认为是理所当然的事情，因而往往看起来相当反直观。斯多亚学派当然充分意识到了这一点。他们认为我们所有人（并不将自己排除在外）在自身的信念和态度上都受到了腐蚀，都是愚蠢的。这就是为什么我们觉得他们的观点有悖于直觉。斯多亚学派特意使用凝练的语录体（后来被称为"斯多亚隽语"[*Paradoxa Stoicorum*]）来去除我们的自满——正是这种自满令我们将自己的信念视为理所当然，不管这些信念可能有多么愚蠢。其中一条隽语说，只有具有智慧的人才是自由的，其他人都是奴隶。显然，他们的意思并不是说我们在法律或政治的意义上都是奴隶，也不是说只有具有智慧的人才是政治上自由的；同样，当他们说只有具有智慧的人才是统治者时，他们并非主张只有具有智慧的人才是政治意义上的君王。那么，当他们说只有具有智慧的人才是自由的，究竟是什么意思呢？

有一个斯多亚式的对自由（*eleutheria*）的定义，该定义最早可能是由克里西普斯提出，后来则变得相当流行（DL7.121[LS 67M]）。按照这个定义，自由就在于有能力独自行动、自行决定行动、依靠自己行动以及独立行动。相应的古希腊语是 *exousia autopragias*。仅从语言本身来看，这个词组的意思并非一目了然，尤其因为 *autopragia* 这个词就像其同源词 *autoprageō* 和 *autoprakto* 一样非常罕见。它几乎总是在这个定义的前后文中出现，而且显然是斯多亚学派新造的一个词。如果我们看看"没有智慧的人也就没有自由，他们是奴隶"这个说法可能意味着什么，那么或许就能更好地——至少是暂时地——理解 *autopragia* 大概是什么意思。斯多亚学派在这里使用这个词语的意图是相对清楚的。在他们看来，蠢人的特点就在于将很多东西看成是善或者恶，而它们实际上既不是善也不是恶，比如生命、健康、力量、美貌、好名声、权力、财富，以及与它们相反的事物。于是，蠢人对于那些他以为是善或恶的东西就发展出一种不恰当的热爱或厌恶。这种热爱或厌恶就构成了一种奴役（enslavement），因为它令愚蠢的人无法做出某些行动，而这些行动就是他为了追求自己的善会合理地想要去做的事情。正是这些他所以为的善和恶变成了他的主人，管理并决定了他的生活，因为它们现在迫使他不得不去加以追求或回避，而不去考虑若要符合自己真正的利益，他究竟需要做什么。正是这个人的恐惧和欲望的对象及其所引起的不现实的幻想，而不是这个人自己，决定了他的行动和生活。

亚里士多德已经强调说，假若一个人确实是受强迫（forced）或被迫使（made）而采取行动，那么他就不对该行动负责。这很有道理，因为，既然我们被迫做出的事情无论如何都不是由我们自己的欲望所激发,那它也就不是我们自己的行动。这意味着对"强迫"(force)这个词采取一种很窄的解释,而这就会令其典型意义变成纯粹的物理强迫或者说物理强制。但是,在如下意义上,亚里士多德愿意将这个概念扩展到心理强制的情形:假若一种心理强迫是任何人都无法抵抗的,那么它就可以为行动者开脱。[1]因为,即使一个人受到这种强迫而行动,这也依然没有揭示任何关于其个性和动机的东西。现在,跟随斯多亚学派并在其思想的影响下,我们对于"受强迫"(biazesthai)、"受强制"或"被迫"去做某事的理解极大扩展,而且相应地,对于什么算作"一个人自己的行动",我们的概念也发生了极大的压缩——恰当地说,一个人自己的行动就是主动权在他自己那里,而不是在他之外,在那些他所以为的善或恶那里。然而,至少对斯多亚学派来说,这个转变并不要求在"负责任"和"不负责任"这二者的界限上做出相应的转变,尤其因为行动者本人已经通过自己的行为用这样一种方式来奴役自己,从而变成是受强制而行动。所以我们就看到下面这一想法:自由是自主行动的能力,它与这样一种情形相反,即一个人令自己受制于某些东西,从而在追求某些东西并回避另一些东西的时候,被迫采取了自己实际上所采取的行动。

需要注意的不只是 *autopragia* 这个术语,还有 *exousia* 这个词。*exousia* 也不是一个特别常见的词,而且,考虑到

---

[1] 参见 *EN* 3,1110a23-26。

其用法，它所指的东西可能比我所说的"平常能力"（bland ability）具有更强的意涵——我之前所说的"平常能力"，是指经法律授权的行动自由或者某人的职权所具备的权威。后者显然就是奥利金在其一个段落中（*Comm. in Ioan.* I.4; II.16）所指的能力。[2] 奥利金告诉我们，斯多亚学派声称唯有具有智慧的人才是自由的，因为他们已经通过神圣的法律（divine law）而获得了 *exousia autopragias*。他还补充说，他们将 *exousia* 定义为法律所授予的权力。因此就存在着神法，即上帝施加于诸事物的秩序，也是世间诸事物据以发生的秩序。该秩序的一部分就在于，如果你没有令自己沦为奴仆，那么你就获准具有行动的自主权。而如果你确实受到自我奴役，那么，依照神安排事物的方式，你就不再能够按照自己的倡议来行动，可以说，在神的世界里，你不再是一名自由的公民。

这里有一个问题。有智慧的人之所以是自由的，是因为他已经将自己从其错误的信念和不恰当的热爱中解放出来。但是，对于那些还不具有智慧也尚未奴役自己的人，我们又怎么说呢？爱比克泰德（1.19.9）考虑了如下案例：某人遭到一个僭主的威胁，后者使用了最糟糕的恐吓方式。爱比克泰德反驳说，如果他很看重自己的意志（*prohairesis*），那他就会对僭主说，"神令我自由"。

为了理解这一点，我们必须回到最初，回到神创造世

---

[2] *SVF* 3.544.

界的时候。既然神具有智慧和良善,他就只能创造可能存在的最好世界。但是,我们有不同的方式去理解,究竟什么样的世界才是可能存在的最好世界。一种方式是做出如下假设:一定数量的善和恶是独立于创造者或工匠神而存在的,而且,如果一个世界具有最少的恶和最多的善,那么它就是可能存在的最好世界。在我看来,如果那个创造者就是神自身,或者更进一步,如果我们把神看作某个第一原理,甚至看作唯一的第一原理,即某种说明其他所有事物,但其自身并不需要任何说明的存在,那么上述路线就不是一条有希望的路线。因为,如果创造者就是神,那么下面这个问题就不会有答案:创造者试图最大化的善和最小化的恶分别来自何处?它们又如何获得其作为善和恶的地位?现在看来,它们好像是一种在神之先、用以约束神的创世活动的东西。可是,这不仅违背了"神是某种第一原理"这一思想,而且也违背了如下思想:神的行为不受制于任何外在的和在先的约束。于是这里就有了另一条进路。

  创造者(the creator)被称为工匠神,也就是说,我们受邀将这世界看作一件手工艺品,就像一幢房屋或一辆车。现在,关于建造一幢好房子或一辆好车究竟意味着什么,我们有了某些想法。我们可以看看一幢房子,看看它的各种细节,以此了解建筑师有没有依照屋主事先确定的限制和规格,很好地完成房屋的建造。无论我们看到什么细节,都要试着看清建筑师是否还能做得更好。但是无论我们如何努力思考,也不管我们对于房屋的建造多么有见识,都可能挑不出什么毛病。在我看来,我们或许可以区分出两种意义,正是在这两种意义上,一幢房子或者一辆车可以称得上是一幢好房子或一辆好车。假设在对房屋进行验收之后,你发现建筑师为你建造了一幢完全符合各项要求的房屋。房屋十分坚固可靠。而你也对建筑师的工作十分满意。建筑师显然精通自己的技艺。你也认为那是一幢好房子。但是,在验收房屋的过程中,你可能发现它不仅在第一个意义上是一幢好房子,或许你还会惊叹于整个建造工作中体现出来的那种精巧、机智、深思以及创造力。第一种评价和第二种评价之间的差别并不必然在于下面这一点:按照第二种评价,这幢房子其实没有那么昂贵,其功能性更强或者能够更好地服务于你对它的需求。这也可能是事实,但并不是我要说的重点。重点在于,正是由于你对建筑具有一定的知识,你才有可能认识到那幢房子是一件真正的杰作,在你看到它们的时候,它连同其中的每一个细节都不断令你惊喜,让你惊叹于建造者对建筑技艺的娴熟掌握。看着这样的房子的确是一件乐事。

如果我们从建造者的观点来看问题,这一点或许就会变得更加清楚。在第一种情形中,我们的建筑师按照建筑技术的规则来为你建造房屋,并符合你对房屋的具体要求。这是他的工作。但是我们现在用这种方式来看看第二位建筑师:对他来说,为你建造房屋可以说是一个机会或一个由头,以便运用他所掌握的建筑技艺。当然,他可以在第一个意义上为你造一幢好房子。对他来说这根本不成问题,他在这方面也绝对值得信赖。不过正是由于这个原因,这项工作也就不是他的兴趣所在。真正令他感兴趣的并不是在第一个意义上造一幢好房子。他有更高的抱负，想做自己拿手的事情，但要做得极为精巧；他想要运用自己所精通的这门技艺，并且真正乐在其中。在我看来，通过这个例子，我们就看到了一幢好房子所具有的某种更高的意义。

现在我们可以回来讨论这个世界。如今我们都理应相信，如果仔细地审视这个世界的各个细节，那么，无论我们在多大程度上借助有关"如何组织一个世界"的知识去思考它，都会发现它无可挑剔。相反，我们越是长久地观察这个世界，就会越好地理解它，我们必定会为将其创造出来的那个心灵的机智和创造力所折服。事实上，我们最终会相信，要创造出一个比它更好的世界是不可能的。我们对于各事物之中的这种奇妙安排和秩序是如此着迷，以至于希望自己也能做出类似的创造，但同时我们也认识到，自己在这个秩序中处于何种有限的地位。

在我们继续这首颂歌之前，先来注意一个推论。显然，如果这个世界当中的生物没有充分的食物供给以便继续生存，如果它们太容易受到侵害而无法恰当地发挥绝大部分功能，或者如果它们随时可能倒地而亡，那么这个世界就不是很好。它会是一个难以维系的世界，必须有人不断地重新创造全部物种。现在我们很容易看到，为什么大自然优先选取食物供给而不是食物短缺，优先选取健康、生命以及完整的身体，而不是疾病、死亡或者残疾，等等。但是这并不意味着这些东西就是善或恶。它们的优先地位仅仅取决于神所创造的这样一个世界。既然这种世界当中有生命存在，那么若在其余条件都相当的情况下，生命、健康以及其他事物都不能完全胜过其反面，这个世界就不是一个好世界。实际上，斯多亚学派将生命和健康之类称为"人们偏好的事物"（proēgmena），将其对立面称为"人们不会选择的事物"（aproēgmena）。[3] 但是，一个事物是人们所偏好的，并不意味着它是一个善的事物。毕竟，人们所偏好的事物可能会被错误地使用，而只在被明智地使用时它们才对其所有者有利。因此，一个人可以完全正确地相信，保持健康是一件好事。但是他有两种方式来相信这一点。其中一种方式是像柏拉图和亚里士多德一样——前者大体上相信这一点，后者则始终这样认为——相信健康是好的，因此保持健康就是一件好事。另一种方式则是相信健康是人们所偏好的，并因此相信，保持健康这件事（而不是健康本身）是好的，因为这样做有助于保持世界按应有的方式存在。[4] 由此，在出于理性的欲望——由"保持健康是一件好事"这个信念形成或产生的欲望——当中就会有一个相应的差别。在第一种情形中，它会是一个非理性的欲求（irrational appetite），而在第二种情形中，它会是一个合理的意愿（reasonable willing）。

现在，如果看看神是如何安排世界的，我们就会注意到，他已经用这样一种方式来创造有生命的事物：它们总体

---

[3] 参见 *SVF* 3.127-139 以及 LS 58EF。
[4] 为了便于澄清，我补充了括号中的插入语。

上都能设法照顾自己；它们是自我维持的系统。神不必维护它们；他已经用这样一种方式对事物做了安排，从而它们能够自我维持。随着生物体复杂性的提高，这个自我维护的系统也变得越来越复杂和精致。所以我们现在来考察动物：它们是按这种方式构造出来的，从而能够监控其自身状态，能够觉察到为了自我维持而需要获得和避免的东西。因此，当它们在其生存环境中遇到某个相关对象时，这就会在动物那里产生一个合意的（agreeable）或者不合意的（disagreeable）印象，这个印象会转而导致动物趋向或远离该对象。[5]所以动物就是这样被构造出来的，它在一般情况下会受到对其有利或有害的东西驱使，去做它需要做的事情。

不过，在人这里，这种安排甚至更为精巧。神构造人的方式令后者能够自己认识到，为了自我维持需要做什么（只要这些事情本身是必要的），因此就会出于自己的选择和理解去维持自身。神构造人的方式使他们能够发展理性，并通过理性发展出一种对善的理解，从而最终有动机自己去做出需要做的事情。[6]因此，神对人的塑造并不是要令其被动地去做为了自我维持而需要做的事情，而是将其构造为可以

---

[5] 关于斯多亚学派这一理论的文献证据，参见 LS 53PQ。

[6] 参见 Cicero, *De finibus* 3.17-22（LS 59D）以及 Epictetus, 1.6.12-22（LS 63E）。弗雷德在如下论文中详细阐述了对合理性和善的思考：M. Frede, "On the Stoic Conception of the Good," in K. Ierodiakonou, ed., *Topics in Stoic Philosophy* (Oxford, 1999), 71-94。

自己主动地这样做，而且实际上还能做得很有智慧，这样就小规模地——也就是在人的生活中——展示了神在很大范围内所展现的那种智慧、精巧、机智和创造力。这样，如果人是有智慧的，那么他们就真正地促成了世界的最优秀序并在其中得以成全。而这就是斯多亚学派所设想的好生活。

如果我们现在回过头来看看作为 *exousia autopragias* 的自由，那么下面这一点应该是清楚的：*autopragia* 在这里指的是我们去做需要做的事情的能力，这与其他动物不同，我们去做这些事情，仅仅是因为受到了我们自己对事物的理解的引导和激发，而不是被迫这样做。*exousia* 这个词表明这是一种特殊的天赋或特权。因为一旦我们对这世界有了某种理解，这种天赋或特权就会回应我们的自然愿望：如果能像神那样明智而巧妙地安排事物，该有多么美妙。这个愿望已经得到了适度的承认。我们已被赋予在自己所生活的环境中明智地、巧妙地、机智地、创造性地安排事物的能力。神已经让我们自行判定要如何明智而巧妙地维护自身。但是，存在着奥利金所说的神圣法律（divine law）。只要我们按照一个有智慧的人将会采取的方式明智地保持自身，那么我们就具有这种能力，就具有这种自由，而这就是万物秩序的一部分。如果我们需要食物，那么得到我们所需要的食物就是明智的。但是，得到我们所需食物的两倍或三倍，变得对食物上瘾，让自己受制于食物，那就不明智了，因为这样一来就成了食物强制我们去吃。在这种情况下，一个人就丧失了自治（*autopragia*）的能力。

还有一个术语 to autexousion 似乎也来源于斯多亚学派，指的就是这种自主行动的能力。这个术语在穆索尼乌斯（Musonius）的残篇中出现两次，到了爱比克泰德那里就出现得更频繁了。柏拉图主义者和漫步学派后来也使用这个术语，不过自殉道者游斯丁（Justin Martyr）以降，基督教作者也非常频繁地使用它。[7] 这个术语通常被译成好像意味着"具有一个自由意志"，这倒没什么好奇怪的。不过严格来说，它所指的正是一个人自主决定去做需要做的事情的能力，而不是被迫或者被命令去做这些事情；它指的是一个人所具有的自由，也就是在追求善的过程中自由地去做他认为恰当的事情。

现在，我们必须记住，在斯多亚学派看来，我们并非生来就是理性存在者，我们并非生来就有理性。[8] 所以我们也不是生而自由，而是像动物那样履行功能，被驱使着做出行动。因此，如果有人说我们在被创造出来的时候就是自由的，那他的意思肯定是，我们被造的方式令我们得以随着理性的发展而自然地成为自由的行动者。因此在这个意义上，所有人在被创造出来的时候都是自由的。但是事实同样表明——至少根据标准的斯多亚学说来看是这样，当我们在社会的影响下发展理性时，我们会立即赞成那些关于事物价值

---

[7] Musonius, fr. 12 Hense，以及 Epictetus 4.1（他对自由的论述）。关于后世作者对这个术语的使用，参见 S. Bobzien, *Determinism and Freedom in Stoic Philosophy*（Oxford，1998），355。

[8] 参见本书第 34 页。

的错误信念，并由此令自己受到奴役。[9]所以，即使在我们奴役自己之前，我们其实从来都不是自由的。因为自由要求理性，而我们正是在获得理性的过程中令自身遭受奴役。这就是为什么只有具备智慧的人才是真正自由的。

另外还有一点至少需要提一下，虽然我们还应该对它做更具体的考察。斯多亚学派声称只有具备智慧的人才是自由的，其中的意思很明白，也就是说，就像智慧和美德一样，自由没有程度上的区别。[10]哪怕你只是承认有一份不恰当的依恋，你就已经失去了自由。从根本上说，这是因为斯多亚学派认为，你的全部信念、欲望和态度形成了一个系统，该系统中的要素对你的影响部分地来自它们在其中所占据的位置，后者是由这些构成要素之间的逻辑关系来界定的。因此，如果你将一个错误信念添加到系统中，它就会破坏你所具有的、与之不相容的全部真信念。而如果将一份不恰当的依恋添加到系统中，它就会破坏所有与之不相容的、恰当的依恋。它会影响你的整个动机系统，并由此影响该系统的构成要素所具有的力量。因此，就连你在特定情况下所具有的最好的动机系统也会被不恰当的依恋所污染，无论二者之间的逻辑距离——如果存在的话——可能有多大。为了变得自由，你的意志就必须是绝对纯粹的。

由此我们可以转到意志的自由，因为现在有了一个意

---

[9] 参见本书第 54 页。
[10] 参见 LS 59FGIT。

志概念和一个自由概念,我们需要看看,这两个概念最终如何在一个自由意志概念中结合起来,以及为什么会结合起来。

我们已经指出,爱比克泰德是如何告诫我们,要将一切努力集中到意志上,集中到我们做出选择和决定的方式上。人的善(goodness)或品质就在于其意志的善或品质(1.29.1)。为了成为善的,意志就必须符合自然本性(nature),也就是说,它必须由于本性或者由于神而成为它想要成为的那个样子。但是,我们已经得知,意志由于本性而想要成为自由的(1.4.18)。爱比克泰德宣称,他希望自己直到生命的最终时刻都把自己的意志自由作为主要关切(3.5.7)。那么意志自由(the will to be free)究竟是什么呢?

爱比克泰德反复解释说,意志自由就在于,意志在做出它认为合适的选择时没有受到阻碍,就在于不可能强迫意志做出任何选择,除非它自己想要这么做(1.12.9;1.4.18;3.5.7)。只要你的意志是自由的,它就不会受到世上任何力量或权力的强迫。行星不能强迫你做出选择。神也不能剥夺你的自由意志,强迫你做出选择(1.1.23)。爱比克泰德解释说,况且神也不想这样做,因为他毕竟已经给予你一个意志,一个与他自己的意志同样的意志:只要这个意志是自由的,它在做出选择时就不会受到强迫或阻碍。而一旦我们对世上的事物牵肠挂肚,依赖于它们,对它们上瘾,任自己受其宰制,那么情况就全变了。这样一来,世界就开始对我们具有巨大的支配力,我们就开始在强制下行动。外部世界向我们呈现那些被看作善或恶的事物,而我们逐渐依赖于这个过程或者成为它的牺牲品。

因此,在这里,我们有了第一个实质性的"自由意志"概念。这个概念是指这样一种"意志":世界上没有任何权力或力量能够阻止它做出为了获得好生活而需要做出的选择,也无法强迫它做出任何会妨碍我们获得好生活的选择。但是这个意志概念也意味着,并非所有人事实上都具有自由意志。他们就其本性而言都想有一个自由意志,也就是说,每个人都能有一个自由意志。但是,人在各种事情上逐渐受到强制,并由此失去了自由。因此,只有具备智慧的人才具有自由意志。[11]

为了将这个特定的自由意志概念说得更清楚,如果我们还记得之前用来表示自由意志概念的那个普遍图式(见本书第一章第 7 页),那么就必须澄清一个进一步的细节。除非我们自我奴役,否则就是自由地做出那些为了获得好生活而需要做出的选择,因为只要我们保留了意志的自由,世上就不会有任何力量或权力能强迫我们的选择。但是,我们不得不问,难道神就没有对我们所能做的事情加以约束,并由此至少是间接地——若不是直接地——约束我们所能选择的事情?如果神始终预先决定了将要发生的事情,并因此也预先决定了我们将要做的事情,那么我们怎能自由地选择我们

---

[11] 亦可参见 A. A. Long, *Epictetus: A Stoic and Socratic Guide to Life* (Oxford, 2002), 221-222。

可以合理地想要选择的东西，哪怕只是为了过上好生活而需要选择的东西？只有详细追问这个问题，我们才会理解某些进一步的重大假设，而正是这些假设为这第一个"自由意志"概念奠定了基础。

斯多亚学派假设，每个人要么具有智慧和自由，要么就是愚蠢的，并遭受奴役。愚蠢的人自我奴役，所以其意志并不自由，因此这种情况不构成问题。不过，我们还是有必要对此稍加考虑。愚蠢的人会做愚蠢的事，也会做正确的事，不过是出于愚蠢的理由。这里必须关注的是，愚蠢的人在世上究竟做了什么？这世界上又发生了什么？我们必须先搁置下面这个不同的问题：在可能存在的最好世界中，愚蠢的事情，例如某人无缘无故地杀死他人，怎么会发生？怎么还会有愚蠢的人存在？但是，既然愚蠢的人并不具有自由意志，那么就世上发生的事情而论，其存在就不足以质疑这一点：神是用他认为合适的方式来安排这个世界。无论蠢人做蠢事是不是神的计划的一部分，无论蠢人做出不蠢之事是不是神的计划的一部分，只要他没有自由意志，神就可以用不同的方式令这种情况发生。为了让人被迫去做他本来要做的事情，神就只能用这种方式来设置环境。而如果愚蠢的人做某事——不管这件事是否愚蠢——不符合神的计划，那么神就只能用这样一种方式来设置环境，以便愚蠢的人在这些环境中要么没有动机去做他本来不想做的事情，要么就算有动机去做他本来不想做的事情，环境也会干扰他，使他无法实现自己有动机去做并因此尝试去做的事情。愚蠢的人出门去做某件事,但是(比如说)被车撞到了。

现在,如果我们转向有智慧的人,情况就完全不同了,因为他的意志是自由的。在他那里,为了保证世界按照神的计划继续进行,从而成为最好的可能世界,神就不能简单地用这样一种方式来设置环境——那个人将被迫用所渴望的方式来行动。但是,为了让那个有智慧的自由的人服从,神也不必去做任何事情。这是因为,既然那个人热爱善,那么其智慧就部分地在于知道在特定环境中所要做的好事并且有动机去做这件事。而且,既然在特定环境中所要做的好事就是自然本性想要一个人去做的,或者是神意愿一个人去做的,那么有智慧的人就会去做他本就想要按照神的计划去做的事情,也就是在那种情况下可能做出的最好的事情。所以,神不会去挫败有智慧的人的行动,也不会阻止他去完成行动。

这样的行动就是在外部世界中曾经发生的唯一自由的行动,与在我们心灵中发生的事情截然相反。但是我们需要更仔细地考察,看看它们是如何得到说明的。推动人们做出这些行动的,是某种理解以及对善——这里指的是有智慧的世界秩序——的某种热爱,以及在某个具体情境中的认识:为了促成和维护那个秩序,某个行动方案将是最恰当的。而如果意志不是自由的,那就不可能有这样的理解和认识,至少不是以这种纯粹的形式。因为对一个人来说,对除了善之外的其他事物的痴迷都会令他分不清,在具体情况下如何行动才是最好的。因此,有智慧的人的动机仅仅在于他对善的正确理解和热爱。他选择或决定去做的事情，既然是所要做的最好的事情，因此也就是神意愿他去做的。然而，他的行动不是由神的意愿来激发的，而是由他自己的某种理解和认识来激发的：在这种情况下，这就是所能发生的最好的事。而且，既然神自己也看到，这就是在这种情况下所能发生的最好的事，那么神就会意愿它发生。因此，有智慧之人的意志与神的意志相吻合。但这并不是说，自由行动是由神的意志所激发的。

然而，事情往往十分复杂，因为事实上，人的智慧是有限的。即使是具有智慧的人也并非无所不知。尽管他对事物的自然秩序有很好的理解，但也会经常处于某种具体的状况之中，而不知道最好的事情将要发生以及为何会发生——但这并不是他的错。甚至具有智慧的人也常常局限于猜测。所以他可能还会努力保持健康，但是从神的计划来看，他其实就要死了。不过，有智慧的人会意识到，想要努力恢复自己日渐衰弱的健康纯属徒劳，并由此而认识到自己快要死了。他可能依然无法理解，为什么对他来说很快死去就是最好的事。在这种情况下，他会假设必定是神要他很快死去，而他也会做出相应的行动。他会想去死，因为他认识到这就是神的意愿。但是再说一次，他想要去死并不仅仅是出于对神之意志的单纯认识，而是依靠一个事实：神想要他死去是出于很好的理由，虽然这些理由是他自己无法明确认识到的。我们必须在这个背景下去理解爱比克泰德反复提出的说法——我们的意愿应该符合神的意愿，我们应该意愿神所意愿的。[12]

不过我们再回来看一下自由行动。自由行动是按照意志的自由选择来说明的。这是否意味着意志的自由选择没有任何说明？并非如此。自由的行动者自由地予以赞同（assent），自由地选择予以赞同这样一个印像：在这种情况下，如此行动将是一件好事。而我们确实可以对这个选择提出一个说明，即在于以下事实：行动者明白为什么在这种情况下、用这种方式行动是件好事，而且他对于善（the good）具有绝对的热爱。我们能够说明这种理解和热爱吗？当然，我们可以按照行动者最终是如何获得这种理解和热爱的前因来对其加以说明。这个故事要追溯到他的出生，甚至更早——如果我们想进一步追溯下去的话。但是，倘若如此，我们怎么能说他的选择是自由的呢？

此时，我们又必须后退一步。克里西普斯尚未形成某种自由意志的概念，不过在他看来，假若我们的行动源于一个事实，即我们已经对恰当的印像表示赞同，那么我们就要对自己所做的事情负责。[13] 我们对某个印像给予赞同，而不是拒绝赞同，这个事实在我们身上以这样一种方式体现出来，就使得我们要对自己所做的事情负责。克里西普斯坚持认为，我们不能说，某个对象的印像迫使我们赞同它——无论它是多么诱人，并由此迫使我们做出选择。因为人性不是

---

[12] 例如，参见 1.17.28；2.7.13；2.16.16；1.17.22；2.19.24。
[13] 参见 LS 62CD。

这样，不会令一个人仅仅由于是人，就去赞同那个印像。对这类印像给予赞同似乎并不是人性的法则。我们之所以知道这一点，是因为其他人可以不赞同这样一个印像。因此，如果你赞同这个印像，那肯定是因为你就是你所是的这种人。所以，是否给予赞同都是由你决定的——因为这取决于你，取决于你是什么样的人。有观点认为，印像并非必然要求赞同，用一点儿克里西普斯的模态逻辑（modal logic）就能支持这一点。克里西普斯是这样定义"可能性"的：如果 A 的本性并不排除 A 是 F，且如果 A 发现自己所处的情境并不妨碍 A 是 F，那么"'A 是 F'是可能的"这一陈述就是真的。[14] 因此，即使你在某些情境下赞同这个印像，你也仍然有可能不赞同它。人性并不排除这种可能性，即"你不赞同这个印像"，因为我们可以看到其他人不赞同这种印像。这种情境也不会阻碍一个人拒绝赞同这个印像。因此，不管怎样，一个人对一个印像所给予的赞同并没有被必然化。这是因为，按照这个可能性概念，这个人可能拒绝给予赞同并因此不会按照这种方式来行动。

不过我们已经越过了克里西普斯，我们现在除了"必然化"（necessitation）概念之外，还有"受强迫"（being forced）的概念。按照这个概念，我们会说，一个意志不自由的人所给予的赞同也是受强迫的，尽管他的赞同并没有被必然化。一个没有自由意志的人就是被迫给予赞同；如果有

---

[14] 相关文献证据和解释，见 Bobzien, *Determinism and Freedom*, 112-116。

恰当的欲望对象出现，它就会唤起恰当的印像，而后者就会迫使行动者赞同它。这里存在一个因果序列，其中含有一种类似于定律的规律性。但是，对于一个自由的人来说，情况就完全不同了。任何对象都可以出现，都可以在他那里产生一个印像，但这个印像不会强迫他给予赞同。因为我们已经看到，他之所以会给予赞同，不是因为这个印像，而是因为他的理解——即追求或回避那个对象是最好的行动——以及他对善的热爱。但是，如果这就是他给予赞同的原因，那我们为什么不能说，是这个原因迫使这个人给予赞同，如此，自由之人的赞同也和不自由之人的赞同一样，都是被迫的？

这样做的话会非常有误导性。首先，不自由之人的赞同是由印像所强加的，而另一方面，即便自由之人的赞同完全是被迫的，它也不是由印像强加的，而是自由之人的理解和见识所导致的。既然自由的人具有这种理解和见识，那他就只能通过牺牲其合理性（rationality）来做出其他选择，但他并不打算牺牲其合理性。完全有理性的人只会选择这种方式。我们当然可以说，只要一个人接受了某些前提并看到某个结论来自这些前提，他就会被迫接受结论，否则就得放弃其合理性。但是，这里所说的"被迫"与"不自由的赞同是被迫做出的"中的"被迫"具有完全不同的含义。而且，这个"被迫"的含义并不妨碍我们说，一个自由的人具有意志，可以自由地选择他会合理选择的事物，也就是说，他在做出选择的时候根本就没有受到妨碍、阻挠或阻止，而这些选择就是他会合理地想要做出的。他的理解和见识可能让他

第五章　自由意志概念的发生：斯多亚学派　　**101**

去选择他实际上选择的东西,但肯定不会妨碍或阻止他去做出合理的选择,也不会迫使他去做出一个不合理的选择。

对于自由的人来说,我们可以用类似的方式,按照比如说他最终具有某些真信念的先前原因来说明其理解和见识。这些真信念不是强加给他的,他具有这些真信念这件事情也没有将这种理解强加给他。实际上,有一个漫长的故事从这个人一出生就开始了,它说明了这个人如何最终具有这些真信念,又如何最终具有这种理解。按照古代人的理解,这是一个因果故事,但其中没有任何东西会让我们去追问下面这个问题:既然自由之人的选择具有一系列先前原因,那他的选择究竟还是不是自由的?

但是,在转向这个故事之前,我们必须考虑另一个事实。在爱比克泰德之前,人们认为一个人的出生涉及三个关键因素:人性,一个人的个别本性和性格,以及他所出生的环境。[15] 现在,如果斯多亚学派想要假设所有人天性就是自由的,那么他们也必须假设,在这三个因素中,任何一个因素都不具有如下特点:不管是单独来看,还是与其他两个因素相结合,它都会妨碍我们发展出为了做出正确选择而需要的见识和理解。这是一个关于神创造万物的实质性假设。神

---

[15] 弗雷德提到了这"三个"因素,这说明他所想到的肯定是某个或某些特定的文本。他的三个"关键因素"完全符合西塞罗在《论责任》(*De officiis*) 1.107-116 中所列举的前三个人格面貌,它们被认为来自公元前 2 世纪晚期的斯多亚主义者帕奈提乌斯(Panaetius)。爱比克泰德可能受到了这个方案的影响,但是,即使他受到了影响,他对该方案的运用也更加灵活。参见 Long, *Epictetus*, 256-257。

必须这样来设置事物，使得无论是人性或我们的个别本性，还是我们所出生的环境，无论它们是独立地还是共同地发挥作用，都无法妨碍我们获得智慧和自由。实际上，斯多亚学派不仅假设了这一点，而且还假设神是以这样一种方式来设置事物，使得我们所有人在自然发展的过程中都能获得做出正确选择所需要的理解和见识。神用这种方式来构造人，这样他们就能自然地获得真信念。

这并不是说神造人就是为了使其具有信念，而且到头来这些信念还有真有假。相反，神以这样一种方式来构造人，使我们对真理高度敏感，而且预先倾向于形成那些自然地为真的信念。因此，我们确实具有真信念，而这并不需要加以说明——即使我们能够详细说明我们用来获得真信念的机制。需要说明的是我们为什么具有假信念。假信念之所以产生，必定是由于哪里出了差错，干扰了我们获得真信念的自然过程——这个过程本来可以引导我们只获得真信念。斯多亚学派认为，差错之所以发生，是因为我们对一个错误的印像给予了赞同——而我们本应该只赞同那些可以被辨别为真的真印像。不仅如此，我们就是被这样构造出来的，所以只要具有恰当的真信念，我们最终也会自然地具备对世界的充分理解，并因此具有一种对善的充分理解，从而受到善的吸引并做出正确选择。再说一次，需要说明的不是我们如何抵达目标——虽然我们能够详细说明其中的机制。需要说明的是，我们为什么会因为出了差错而未能抵达目标。答案仍是：在给予赞同的过程中，我们自己由于轻率、粗心或不耐心而终止了这种自然的发展。

于是,我们有了历史上第一个自由意志概念,也就是一个在其选择和决定上不受强迫的意志,因此是一个自由地做出正确选择的意志。自由意志并不是做出那种任何理智健全的人都不想做出的选择的能力。但是我们应该指出,这个自由意志概念深深地内嵌在一个理论之中,而该理论对于世界、对于我们自身、对我们在世界中的地位都做出了重要假设。关于我们自身的假设主要体现在那个意志概念中。但是除此之外还有一个假设:整个世界,哪怕是其最微小的细节,都是由一位良善的、有先见之明的神来管理的,这位神在创造世界的时候就已经确保,不管是人性还是我们的个别本性和性格,抑或是我们出生的环境,抑或是这三个因素的组合,都不会妨碍我们以这样一种方式来发展,使我们能够在自己的生活中做出正确的选择和决定。他也用这样一种方式来安排事物,由此,除非我们奴役自己,否则世上就没有什么力量或权力能够强迫我们的意志不去做出正确的选择,就算是神也不能。对于这些重大而强有力的假设,我们至少会提出质疑,而且在古代肯定也不是每个人都同意。这个自由意志概念绝不可能是每个人始终具有的日常概念。

从下面这个事实中,我们可以看到上述主张是多么具有实质性:事后来看,亚里士多德的观点不符合"人天性就有一个自由意志"这一假设,或者至少不符合这个自由意志概念。因为在亚里士多德看来,很多人因其天生的性格及其出生环境而不曾具有一个自由意志。我们也可以立刻看到,为什么这对于亚里士多德来说是可接受的，对于晚期漫步学派的人来说在较小的程度上可以接受，而对于斯多亚学派来说则是不可接受的。与斯多亚学派不同，亚里士多德并不相信存在着一个仁慈的神，其神意可以贯彻至最微末的细节。对于斯多亚学派来说，下面这个想法是不可忍受的：人生来就被排除在自由、智慧以及好生活之外。但是对亚里士多德来说，这完全是可接受的。毕竟，亚里士多德甚至愿意以"很多人天性就是奴隶"为由来论证奴隶制这种社会制度的正当性。[16] 在强调世界之善（goodness）、强调神是这种善的根源时，[17] 亚里士多德似乎也认为，当细节过于琐碎以致无法影响全世界总体上的善时，良好的世界秩序就自然而然地开始耗尽了。

一旦我们将这些假设及关注与我们所要回答的问题区分开来——这些假设和关注产生了第一个自由意志概念，而这个概念旨在帮助我们找到问题的答案，那么我们就必须追问：这些假设、关切及问题是不是我们自己所具有的？我们是否由此需要这样一个概念？初看之下，答案似乎非常明显——肯定是否定性的。但是我认为，只要进一步反思，我们就会发现，就算不考虑所有那些假设、关切和问题——我们可能会觉得它们属于过去的时代，也有两个观念是我们不

---

[16] *Politics* 1.5.
[17] *Metaphysics* 12, 1075a11-24.

应该不做任何进一步思考就予以抛弃的。

这里先说第一个观念。斯多亚学派显然认为,除非我们不仅假设人类的所作所为是由其视为真理的东西来引导的,而且也假设他们被构造的方式使之对真理保持高度敏感,否则我们就无法理解人类。这就是说,他们很善于辨别什么是真的,也很善于理解为什么是真的。因此,斯多亚学派相信,从理想的角度来看,我们的行为不仅是由我们视为真理的东西来引导的,也是由我们对于世界之真实面目的知识和理解来引导的,是由"真理实际上是什么"来引导的。在斯多亚学派看来,在这条道路上,妨碍我们的是我们各自对事物所持的错误信念和被误导的态度。正是由于这些缺陷,我们所做出的选择并不是仅仅由关于世界的实际真理来决定的,而是在很大程度上由我们的错误信念和被误导的态度来决定。这样说似乎是公平的:斯多亚式的自由意志概念关系到对这样一种能力的理解——它做出的选择能回应事物的本来面目,不会被错误的信念、被误导的态度,或是幻想和痴心妄想所歪曲。这个观念看起来并不是无望的。

第二个观念是这样的。就像亚里士多德以及在我看来还有柏拉图一样,斯多亚学派相信,并不存在任何一套封闭的一般规则或真理,以至于只要你知道了它们,就可以在任何情况下从中推出所要做的正确事情。[18] 我们所具有的一

---

[18] 这就是为什么亚里士多德在回答"什么是正确的行动"这一普遍问题时,并没有向我们提供一个类似于摩西十诫那样的清单,而是说那就是"在实践层面上有智慧的人"会做的行动。

切知识基本上都是由一套开放的普遍真理组成的,而你可能知道其中的部分真理。在特定情况下,你所知道的真理数量足以决定什么是正确的行动。因此,在这个意义上,那个特定的情况就不会造成问题。但是由于这套真理基本上是开放的,所以假若你具有智慧,你就会进入这样一种状况:其中你所知道的有关真理不足以令你做出一个适宜于该状况的选择。但是,有智慧的人依然会做出正确选择。而且他还能用某种令所有通情达理的人都感到满意的方式来解释这个选择,因为他能将某个或某些进一步的真理添加到这组引导其行为的普遍真理当中,由此令其对相关考虑的储备更加丰富。若要用这种方式来解决他所面临的问题,确实就需要具备某种机智、创造力、思虑和见识,而这些正是斯多亚式的有智慧之人在其行动当中、在对神的模仿之中所展现出来的。而这个观念——如果一个意志能够做出这种选择,那么它就是自由的——在我看来也不是没有希望的。

## 第六章

# 批评与回应：柏拉图主义者与漫步学派

如果我们现在看看斯多亚式的自由意志概念是如何被同时代人所接受的，那么我们或许会认为，既然这个概念涉及重大假定，那么它就没有多大机会被全盘接受。但实际情况是，就在爱比克泰德的时代之后，基督徒开始阐述他们自己经常视作并称为"一种新哲学"的有关信念。大多数时候，他们觉得这些假定很合胃口，所以几乎是立即采纳了斯多亚式的自由意志概念——当然也做了一些修改。毫无疑问，对于自由意志的信念变得如此普及——事实上，在很长一段时间内几乎可以说是普遍的——这都要归功于基督教的影响。

不过，等我们讨论奥利金和奥古斯丁的时候，还会有机会详细考虑这一点。现在，我将仅仅考察斯多亚学派在哲学上的主要对手：柏拉图主义者和漫步学派。正如我们已经看到的，他们准备接受一个意志概念。他们也准备接受一个自由概念以及"自由意志"这个说法——尽管颇为踌躇。但是他们不准备接受在斯多亚主义那里与"自由意志"这个概念相伴随的许多假定。因此，这些对手至多有一个经过大幅修改的自由意志概念。主要的绊脚石是斯多亚学派关于命运和一个无所不包的"神意"的学说，或者正如我们通常所说，也就是他们关于一种普遍决定论的假设。

为了理解接下来发生的争论，我们不得不回到自由意志概念出现之前的漫长时期。这场争论起初就是一场关于以下问题的辩论：如果我们的行动，就像世上发生的其他所有事情那样都是由命运决定的，那么我们还能不能说它们取决于我们（eph' hēmin）或者由我们掌控？大体来说，这场争论后来依旧是关于这个问题。但是，斯多亚学派的对手完全无视其决定论所包含的独特特征，将它处理成类似于伊壁鸠鲁已经拒斥的那种决定论（见本书第12页）。特别是，他们完全没有注意到一个大概是由克里西普斯提出的区分，也就是在自由行动（autopragia）和另一种尽管并非自由、但我们仍要对其负责的行动之间的区分，而之所以要对后一种行动负责，是因为我们决定了要不要做这样一个行动，而且其完成取决于我们是这种类型的人。

这些对手大概无视了斯多亚学派决定论所具有的特点，因为他们都拒斥一般而论的普遍决定论，因此，决定论所采取的这种特殊形式对他们来说似乎没有什么重要性。此外，斯多亚学派决定论的特点与其所特有的信念是如此紧密相连，而他们的对手无论如何都会拒斥这些信念，因此就看不到有什么理由要特别关注那些特点。最终，鉴于斯多亚学派自己就承认实际上并不存在有智慧的人，因此，自由的行动和我们仍然要对其负责的被迫行动之间的区分看来就没有实用意义了。从一切实践目的来说，斯多亚学派似乎认为，尽管我们的行动——就我们是愚蠢的而论——不是自由的,而是命运通过我们的欲望的外部对象所强加的,但我们还是要对这些行动负责。这是因为,只要我们已经是这样的人,我们就对相应的印像给予赞同。斯多亚学派的对手觉得这一点是有异议的。

他们论证说,将"取决于我们"(*eph' hēmin*)或者"是我们所能掌控的"(*in nostra potestate*)之类的概念用于我们被迫同意的情形,是对这些概念的误用。他们还宣称,斯多亚学派对"取决于我们"的这种理解太弱,不足以表明为什么可以将责任(responsibility)赋予一个人——我们怎么能认为一个人要对自己被迫做出的事情负责呢?

我们已经可以看到这场辩论肯定会通往什么方向。斯多亚学派的对手将试着对"取决于我们的事情"提出一种更强的理解,在他们看来,这个理解将表明,为什么我们可以将责任赋予一个人。但是最终,为了阐明对"负责任的行动"的理解,他们就要引入自由、自由行动和自由意志的概念,而这些概念在某种意义上要比斯多亚学派的相应概念弱得多——后者则强得令人难以置信。

如果我们试图追溯这场辩论,那么就可以从卡尔尼亚德斯(Carneades)的时代,即公元前 2 世纪中期开始。[1] 当

---

[1] 进一步的讨论,参见 A. A. Long, *Hellenistic Philosophy: Stoic, Epicureans, Sceptics*, 2d ed.(Berkeley, Calif., 1986), 101-104; R. J. Hankinson, "Determinism and Indeterminism," in K. Algra et al., eds., *The Cambridge History of Hellenistic Philosophy* (Cambridge, 1999), 519-522, 529-534。

然，需要指出的是，我们对这场辩论所持有的证据极端贫乏，直至公元2世纪末的阿弗罗蒂西亚的亚历山大才有所改观。就卡尔尼亚德斯和这段中间时期而论，我们的主要证据来自西塞罗的短篇著作《论命运》，而流传下来的这部著作也是严重残缺的。从西塞罗这里的文献证据来看，卡尔尼亚德斯所要做的似乎正是斯多亚学派的对手必须做的，即对"某事究竟是如何由我们决定的"提出一个新的、替代性的说明，而这会令这个概念变得更强。

在考虑卡尔尼亚德斯的说明时，我们必须记住，他是一位学园派的（Academic）怀疑论者，而他所信奉的那种怀疑论令他甚至不可能认同自己所提出的说明。这是一个辩证论证的一部分，其目的是要将人们为了接受斯多亚学派的论述而可能具有的任何倾向中立化，于是就使其作为一个同样可行的选项被提出。在西塞罗看来（XI. 23），卡尔尼亚德斯之所以批评伊壁鸠鲁，是因为伊壁鸠鲁引入了一种无原因的运动，即原子的突然转向。卡尔尼亚德斯论证说，在日常话语中，我们确实会说某件事情的发生没有任何原因，甚至会说某人无缘无故地想要或不想要某个东西。但这只是一种说话方式。我们实际上指的是，一个人现在所做的事情没有外在的先前原因。而这并不意味着根本没有原因。总是有一个原因，只不过有时候这个原因是内在的。例如，就原子而言，它确实不需要一个外在的前因就能运动，也就是说，不需要某个东西去推动它们；相反，它们自身就能运动。但是，当它们自身发生运动时，这种运动并不是完全没有原因和说明。原因就存在于原子的本性之中，而原子本质上可以因为其重量而令自身运动。根据西塞罗的记述（XI. 25），卡尔尼亚德斯继续论证说，灵魂也同样具有自愿运动。这些运动并不是在某个先前的外在原因中有其说明，而是在某个内在原因中有其说明。

现在，从与原子的类比来看，西塞罗肯定错了，因为他将这个内在原因鉴定为这些自愿运动的本性。从这个类比来看，想必卡尔尼亚德斯所说的是，这些自愿运动在灵魂或生物体的本性有其根源。我们很容易明白他究竟是什么意思。灵魂或生物体的本性是这样的：如果生物体的能量耗尽了，它就会想要吃东西、喝东西，因此就会去寻找吃的或喝的东西。另一方面，如果生物体饱足了，它自然就不想吃东西、喝东西，也就不会出去寻找东西。因此，生物体或灵魂之所以想要吃东西并出去找吃的，并不是因为任何外在的先前原因，例如某个已经存在的、令它想吃东西的美味可口的对象。

在我们试着去解释这些评论时，我们不应被西塞罗的术语 *motus voluntarii* 所误导。这个措辞并不是指一个引起上述运动的意志，更不是自由意志。因为我们被告知引起了这些运动的东西就是灵魂或生物体的本性。如果它们被称为自愿的（我推测相应的古希腊语是 *hekousioi*），那是因为它们并不是由某个外在的、先前的原因产生的，在这个意义上它们也不是强加于我们的。它们是由生物体的本性产生的，因此在这个意义上是取决于我们的（参见西塞罗的用词：*in nostra potestate*)。如果我们需要吃东西,那么我们的本性就会令我们想要有东西吃并去获得食物;如果我们不需要吃东西,那么我们的本性就会令我们不想吃东西,我们也就不会有什么行动。[2]

但是,回到卡尔尼亚德斯,在对其辩证立场有了初步了解后,接下来我们必须看看这个立场如何对克里西普斯的观点构成了挑战。我们用以下方式来描述斯多亚学派的观点,这种方式也是西塞罗在《论命运》中所描述的,同样也是卡尔尼亚德斯在理解这个观点时所要采取的:一个美味可口的对象就在那里;该对象是一个外在的前因,因为它在我们这里唤起了一个令人愉快的印像;这个对象也是一个先前的原因,因为它在我们这里唤起了对这个印像的赞同;而且我们是有责任的,因为,既然我们就是这种人,那么我们就给予赞同,无论我们能否控制自己给予或不给予赞同。

---

[2] 这样说看来完全合理:有一些东西是我们自然地想要或意愿的,而想要或意愿某些东西(例如饮食,或者就此而言,一个好生活)也是我们的本性使然。这个思想后来在信者马克西姆和大马士革的约翰(John of Damascus)在其对一志论(monotheletism)的拒斥中发挥了很大作用。一志论指的是如下观点:耶稣基督有两个本性,但只有一个意志。他们将论证说,作为神的基督和作为人的基督有两个意志,二者都是自然的意志,也就是说,让一个人意愿或想要其本性想要之事物的意志。但是,与其他人不同,基督并不具有一个神妙莫测(*gnomic*)的意志,即他自己对他所意愿或不意愿的东西的判断,这一判断超越了一个人因其本性而自然地意愿或想要的东西,甚至与后者相对立。这产生了如下印象:既然自然人将自然地附和自然的神圣意志,那么在基督那里就只有一个意志。参见 A. Dihle, *The Theory of Will in Classical Antiquity* (Berkeley, Calif., 1982), 243n.112。

卡尔尼亚德斯显然转变了这个克里西普斯式的范式。[3] 在按照伊壁鸠鲁的观点明确地将原子的被迫运动和自然运动区分开来后,他似乎同样假设,灵魂或生物体的自愿运动(*motus voluntarii*)要与被迫运动形成对比,后者指的是由外在的前因所引起的运动。克里西普斯说过,我们赞同适当的印像,这就使得接下来发生的一切行动都取决于我们或者由我们掌控。而卡尔尼亚德斯则将两种行动区分开来:在一种行动中,赞同是被迫地给予的;而在另一种行动中,赞同则源自我们的本性,也就是说,这些行动表明我们自然地想要某种对象。因此,卡尔尼亚德斯在相当大的程度上限制了"自愿"(*hekousion*)的范围,从而减小了我们要负责任的范围——不光与克里西普斯相比是如此,与亚里士多德相比也是如此。实际上,他承认心理强制是可以开脱的,但是在某种程度上,亚里士多德不承认这一点。

这样一来,与亚里士多德和克里西普斯相比,卡尔尼亚德斯也缩小了"取决于我们的事情"的范围。亚里士多德认为,你只能选择去做那些你能决定做还是不做的事情;在提出这个主张时,他想到的仅仅是,在这些情形中,这世界就是这样,以至于某件事情能否办成完全取决于你,或者是你能够完全掌控的。因此,你是否处于这种心理强制之下、从而只能选择去做你实际上所做之事,就完全不重要了。重

---

[3] 我略去了弗雷德文稿中的两句话:"毕竟,如果眼前有一些食品引起了我们的兴趣,那么我们就不只是饥饿、想吃东西。但是他还做了别的事情。"

要的是,除非你已经做了那件事情,否则它不会得以完成。但是,卡尔尼亚德斯现在排除了这种情形。因为如果某件事情要取决于你、处于你的掌控之中,那么你就必须不被自己的欲望对象所掌控。这就对"选择"这一概念提出了相应的限制。现在,只有当你不是被迫想要某个东西时,你才有一个选择。但是,卡尔尼亚德斯这里仍旧没有意志概念,也没有自由或自由意志的概念。

现在,假若我们跳到公元 2 世纪末,看看阿弗罗蒂西亚的亚历山大,那么事情就变得不同了。[4] 卡尔尼亚德斯和克里西普斯似乎都认为,"取决于我们的事情"和"自愿的事情"(hekousion)这两个概念具有共同的外延;两人的差别仅仅在于,卡尔尼亚德斯排除了在心理强制下所做的行动,因此限制了这两个概念。而在亚历山大这里,我们的这位哲学家能够回顾过去两百年来那些将亚里士多德尊为权威的哲学家对之所做的严肃认真,甚至几乎是墨守成规的研究。正如我们已经看到的(本书第 26 页),亚里士多德明确地区分了"我们自愿做(hekontes)的事情"与"我们选择做的事情",因为这由我们决定。当然,亚历山大因此也会强调这个区分,虽然它如今已被漫步学派之外的人遗忘,而且很容易弄混。因此,在我们此前考察过的一段话中(*De fato* XIV, p. 183, 27ff;参见本书第 57 页),我们发现亚历

---

〔4〕 关于亚历山大的文本、解释和评注,见 R. W. Sharples, *Alexander of Aphrodisias on Fate* (London, 1983)。

山大引出了这个区分。但现在我们应该注意他对自愿行动的界定:如果一个行动是来自对一个印像的未受强迫的赞同(*abiastos synkatathesis*),那么它就是自愿的(*hekousion*)。这显然就是卡尔尼亚德斯的自愿概念。此外,亚历山大继续将"取决于我们的事情"(*to eph' hēmin*)限定得更窄,他认为这种事情其实就是在一个人对自己所具有的印像做出理性评价的基础上对该印像给予赞同。因此,对亚历山大来说,一件事情若是我们所能掌控的,那就不仅要求我们所给予的赞同不是被迫的——与卡尔尼亚德斯一致,而且也要求对我们所具有的印像做一种批判性的审视。

亚历山大反对斯多亚学派的论证关键依靠如下主张:鉴于斯多亚学派提出的命运学说,他们其实滥用了"取决于我们"这个概念,而他们之所以这样做,是因为他们无视了一个事实,即如果一件事情取决于我们,那么它是否发生就不可能已经由世界的状态确定。在这方面,他们依赖的是亚里士多德关于"选择"的看法。但是他也论证说,既然斯多亚学派甚至在被迫赞同的情形中也使用"取决于我们"这个概念(正如在他们看来,只要我们是愚蠢的,我们所给予的赞同就总是被迫的),那他们就是在误用"取决于我们"这个说法(*De fato* XXXVIII, p. 211, 27ff),就是在取消自由(*to eleutheron*)。在这方面,亚历山大也反复使用 *autexousion* 这个措辞。他的论著差不多都是以如下评论作结:一个人只是对自己(*autos*)同样有能力(*exousia*)不去做的行动负责(*kyrios*)。因此,亚历山大明确地将"自由"变成"自愿"

的一个条件，并由此变成"责任"的一个条件。事实上，在前面所指的那句话里，他这样做正是用了斯多亚学派用来定义"自由"的措辞。因此，他也将"自由"变成"取决于我们"的一个条件。当然，这种自由不是斯多亚学派所设想的自由，而是预设了没有任何东西能够强迫一个人给予赞同。这就是为什么唯有具有智慧的人才是自由的，为什么对斯多亚学派来说，只有一两个人可以说是有智慧和有自由的（亚历山大注意到了这一点，见 De fato XXVIII，p. 199，16ff）。与此相反，亚历山大所说的自由是一种更有限制的自由。对他来说，就我们试图获得或回避的很多对象而言，只要我们的行动不是受其迫使而做出的，而且在这种情形中，只要我们的赞同不是被迫的，我们就是自由的。

  这里所涉及的自由概念是一个相对的概念。如果一个人对于自己追求某个欲望对象是有责任的，那他必须相对于该对象而言是自由的。当然，在亚历山大所使用的自由概念中，没有什么东西会妨碍一个人相对于所有的欲望对象来说是自由的。于是我们就有了一个"意志"，在亚历山大所说的"自由"意义上，它是完全自由的。但这不是斯多亚意义上的自由，因为在那个意义上，任何不恰当的依恋（attachment）都会完全剥夺你的自由。不过，人们或许认为亚历山大的概念更为现实，因为它允许自由具有程度上的差别。

  更成问题的是，亚历山大如何试图给予其自由概念某些正面内容？如果我们不是受欲望对象强迫而去追求该对象,那什么才是我们真正自由地去做的事情?在这里,亚历山大再次依靠亚里士多德的概念:如果某事是否得以完成完全依赖于我们(depend on us),那么它就是取决于我们的(up to us)。[5]但是这个主张可以有两个解释。在亚里士多德那里,我们已经看到,即使做不做某事都取决于我们,这也不意味着你就有了一个选择,而只是意味着你能够选择做某事,但也可能无法选择去做它,而且,无法选择做某事并不意味着你选择不去做它。然而,亚历山大在阐明其自由概念时,似乎是在下面这个意义上来理解自由:你能够选择做某事,而且你同样能够选择不去做它。

在尝试说明这一点时,亚历山大似乎陷入了一种毫无头绪的状态。他完全意识到,按照亚里士多德的说法,有美德的人不可能以其他方式来选择。除了有美德地行动外,没有任何其他动机来做出行动,这就是有美德之人的本质所在。亚历山大于是又借助如下事实:在有美德的人具有美德之前的某个时刻,他本来可以做出其他选择。但是这会产生如下后果:如果人的自由涉及做出其他选择的能力,那么其自由似乎就成了人类弱点(human weakness)的一个标志,而这实际上是亚历山大的一位追随者(《曼蒂萨》[*Mantissa*]

---

[5] 我略去了弗雷德文稿中的如下字句:"亚历山大明确地打算拒斥普遍决定论,而跟随亚里士多德。因此,在亚历山大看来,我们决定自己要不要做某事,要不要完成这事。既然亚历山大不相信普遍神恩,那么提出这个主张对他来说毫无困难。"

的作者）得出的一个推断（第22章）。[6] 我们清楚——至少在某种程度上清楚——是什么激发了亚历山大提出这个见解。他是如此渴望拒斥决定论，以至于他不仅希望从外部来拒斥决定论，以指出强迫我们给予赞同的对象的方式，而且也想从内部来拒斥决定论。所以，当受到斯多亚学派某个相反主张的提示时，他想要表明，在内在条件和外在条件都同等的情况下，也就是说，在同样的外在环境和同样的心灵内在条件下，我们依然有可能做出不同的选择和行动（*De fato* 192, 22ff）。[7] 在这里我们已经很接近迪勒所偏爱的那个意志概念：一个用某种神秘的方式来做出决定或进行选择的意志，这种方式不仅不依赖于外在的欲望对象，而且也不依赖于一个人的欲望和信念。[8]

不过，我倾向于认为，亚历山大的见解同时也有另一

---

[6] 这个文本包含在罗伯特·夏普斯编撰的亚历山大文集中。
[7] 关于弗雷德在这里提到的亚历山大《论命运》，我咨询了罗伯特·夏普斯。夏普斯答复如下："弗雷德引用的这段话指的是斯多亚学派的主张，而不是亚历山大对该主张的否定。问题在于，在我看来，亚历山大并没有用这么多话来表明'在内在条件和外在条件都同等的情况下……依然有可能做出不同的选择和行动'。毋宁说，他构建了自己所反驳的情形，其构建方式表明——虽然不是让每个人都满意——这是他自己想要提出的主张。"参见 *De fato* 190, 8; 206, 22; 207, 27。夏普斯的著作中引用了这些文段，参见 Sharples, *Alexander of Aphrodisias on Fate*, 21。在那里，夏普斯说，亚历山大"反对的不只是，我们的行动仅仅由外在原因决定，而且也反对它们是来自内在原因和外在原因的结合"。
[8] 弗雷德并未给出他所参考的迪勒著作的页码。我觉得他所想的是，比如说，"与认知和情感都分离开来的纯粹意愿的思想"（Dihle, *Theory of Will*, 135）。

个来源，我认为这个来源是另一处混淆。亚历山大生活在一个对正义颇为关注的时代，即关注每个人都得到自己应得的东西，而不是一些人得到他们不应得到的东西、大多数人却得不到他们应得的东西。如果我们回过头来再看亚里士多德，责任、赞扬、责备、奖励和惩罚并不像人们后来所理解的那样取决于应得。就像克里西普斯的想法一样，亚里士多德的想法显然是：我们之所以认为某人要为自己的行动有所担当，是因为我们想改变其动机。从这个目的来看，那个人是如何像这样被激发起来的，或者他是否本来就能让自己这样被激发起来，也就无足轻重了。我们必须记住，亚里士多德的责任概念也应用于儿童和动物。我们肯定不关心动物在做出行动的时候究竟有没有选择。我们关心的是，动物还没有记取教训。我们并不追问动物究竟为什么没有记取教训。我们给它另一个教训。只要我们觉得合适，我们就会对动物、儿童乃至成年人加以鼓励或阻止。而对于一个有智慧、有美德且已经记取教训的人来说，这样做就不再恰当，但是这并不意味着，仅仅因为不再需要去鼓励，我们就不能发现有美德的人所做的事情很好，特别值得赞扬，或者不能发现其行动缺乏值得赞扬之处（merit）。

当我们鼓励一个小孩时，我们告诉他，这样做特别好。我们的意思是，他做得很好，正在逐渐具有智慧和美德。实际上，这个孩子的行动是在这条路上迈进了一步。这就是为什么说他有值得赞扬之处。我们认为，就其年纪来说，他做得相当好。而我们是基于一个背景——同年龄的其他小孩在这种情况下可能做出什么行动——才这样想的。这完全不是说，这个小孩值得赞扬之处在于：他本来也可以像其他小孩一样做出糟糕的行动，但是他选择不那样行动。这个孩子恐怕都不曾想到自己还可以做出不同的行动。他值得赞扬之处并不在于，在本可以做出其他选择时，他做出了正确的选择；更不在于他选择不做出其他的行动。他值得赞扬的地方在于，对于一个在那个年纪、处于那个状况的孩子来说，他已经做得相当好了，并因此提高了我们对未来的期望。这就是为什么我们会鼓励和奖励他。

我们可以设想一位尚未充分把握建筑艺术的建筑师。他现在建好的房子实际上棒极了，因此我们可以赞扬和奖励他。他值得赞扬之处在于，对于一个建筑技艺水平处在这个阶段的人来说，他做了一件值得赞扬的工作。我们不会进一步追问他是否本来就能做到这一点。如果他本来可以选择不盖一栋糟糕的房子，而他为了自己没有盖一栋糟糕的房子而要求奖励，那么我们肯定会觉得莫名其妙。

但是，亚历山大所持有的概念看起来正是这样——在你的行动中没有什么功绩或过失可言，除非你本来可以做出不同的行动，更准确地说，除非你本来可以选择做出不同的行动。你现在之所以博得赞扬和奖励，是因为在你本来可以选择用错误的方式行动时，你选择了用正确的方式行动。由此出发，就不难达到下面这个完全非亚里士多德式的，或者非柏拉图式的观念：你的行动之所以如此有美德、如此值得赞扬，是因为当这样一个吸引人的、有诱惑力的取舍摆在那里时,你并没有去选择它。实际上,亚历山大的观点似乎在于,有美德之人所具备的美德及其有美德的行动之所以值得赞扬,是因为这些都是他在此前的人生中所做出的值得赞扬的选择的结果,而他当时本来能做出其他选择。

这是完全错误的。有美德的行动的卓越之处就在于该行动,就在于导致该行动的选择以及导致该选择的动机。此前的行动之所以有值得赞扬之处,只是因为它们表明,这个人已经走在获得美德的路上。那些行动值得赞扬之处肯定不是来自如下事实:当他可以选择另一个不同的行动方案时,他并没有选择这个方案。

因此,在我看来,亚历山大的自由概念,即自由就在于在同样情境下能够用其他方式行动并选择用其他方式行动,在很大程度上来自他对于应得奖惩(due desert)的错误理解。不管怎样,正是在亚历山大这里,我们发现了如下概念的先兆:具有一个自由意志就是在完全一样的情境下能够在做 A 和做 B 之间做出选择。不过很不幸——但我们也能预料到——亚历山大无法连贯地说明,这样一个自由意志究竟是如何可能的。

亚历山大陷入这个困境,主要有两个原因。首先,他并未充分理解斯多亚主义的决定论,因此并未看到,一个选择并不会因为具有一个按照前因而做出的、完全合理的说明就可能变得不那么自由。有智慧的人若没有做出他实际上做出的选择——即使这并非不可能,那他肯定是疯了。但是,这并不会令他的选择变得不自由。其次,亚历山大对"值得赞扬之处"（merit）持有一种错误理解，就好像值得赞扬之处就在于不选择用其他方式行动。如果某人确实做了不平凡的事，其值得赞扬之处肯定在于那项成就，而不在于他本来可以选择做一件很平凡的事情。如果一个人写了一篇书评，那么，假若他说那本书值得赞扬之处就在于作者本来可以选择在海滩上消磨时间，而不是选择写那本书，那就很令人误解了。我们不会因为没有变得疯狂或者没有选择做疯狂之事而值得称赞，而且，就算我们没有自由去做疯狂的事情，我们也没有理由抱怨。

## 第七章

# 奥利金:早期基督教的自由意志观

令人惊异的是,一旦我们告别《新约》和使徒教父的时代,基督教文献很快就开始大量提及自由和自由意志。涉及这两个概念的文献并不像我们从早期基督教文献的翻译和评注中得来的印象那样丰富。它们往往依赖于对自由意志的一种含糊其词的理解,这种理解大概也是日常的理解;而且它们也用"自由意志"来翻译或解释"取决于我们"之类的表述,我们在人们处理异教哲学文本的方式中已经注意到这个现象。但是,即便仅限于那些明确提及自由、自由意志或意志自由的文献,我们也会发现,从公元 2 世纪中期开始,提到上述概念的地方先是慢慢增多,然后到了下一个世纪则突然呈井喷之势。于是,殉道者游斯丁反复使用 *autexousion* 这个专业术语来指称自由。[1] 自此以后,第一位使用"意志自由"这一词语的人——无论基督徒还是异教徒——是塔提安(Tatian),他在公元 2 世纪下半叶前期所撰写的著作《致希腊人》(*Oratio ad Graecos*, 7.1)当中使用了这一表达。此后,这些术语就使用得越来越频繁,与同时期的异教文献相

---

[1] II *Apology* 7.5.1; *Dialogue* 88.5.2; 102.4.2, 4, 6; 141.1.6.

比则尤其如此。对基督徒来说，某种自由意志学说显然开始变得极为重要。毫无疑问，由于基督教的影响，自由意志的概念几乎普遍为人们所接受。

我们不得不问：基督教徒从哪里得到了这个概念？为了与自己的基督教信念相适应，他们是否以及如何用某些方式修改了这个概念？那些信念是否允许他们发现或看到一种理解人、理解人的自由和意志的全新方式？

第一个问题似乎比较容易回答。基督教徒从柏拉图主义以及斯多亚主义（这是最主要的来源）那里，得到了他们的自由意志概念。在斯多亚主义那里，有一些重大假设是与自由意志学说相联系的，例如认为存在普遍的神意以及某种规定世上万物的神圣秩序，其中很多假设漫步学派的人完全不接受，也只有在经过严格限定后才为柏拉图主义者所接受，但是对基督徒来说显然颇为契合。如果我们考察一下希腊文本的《圣经》或者刚刚开始形成的《新约》，就会看到，无论是人的自由还是自由意志的说法都没有任何权威，而就我所了解的，关于自由意志的假设也没有任何权威可言。公元3世纪早期，奥利金收集《圣经》中的文段来支持自由意志学说，而只有当你已经相信存在自由意志，他所找到的那些段落才能被解释为暗示了自由意志的存在——或者，你可以将它们解释为具有以下含义：上帝不会命令我们去做某些事情，除非我们已经有了一个自由意志，它允许我们服从这些命令。[2] 因

---

[2] 参见 *De principiis* III.1。这段文本由 P. Koetschau 编辑，参见 *Origenes Werke*, vol. 5（Leipzig，1913）。

此，基督教的自由意志概念必定来自别处。这样一来，塔提安（举个例子）又是从哪里得到这个概念的呢？

在此我们应该注意到，塔提安（大约生活在公元110—180年）在皈依前肯定已经是一位哲学家了。[3]他似乎暗示了这一点，因为在《致希腊人》的导论中，他告别了异教的智慧，尽管他同时也颇为自得地表示，自己因为异教智慧而获得了一些声望。[4]后来，他在演说中告诉我们，他写了一部关于动物的论著，而在后面的一章中他似乎提到了一本论述精灵（daemons）的书。[5]由于在那本关于动物的论著中，他宣称自己攻击了一个观点，即动物缺乏理性和智能，所以他当时不可能属于漫步学派或斯多亚学派。既然他似乎还写过一本关于精灵的论著，那他也不可能是伊壁鸠鲁主义者。因此他必定是一位柏拉图主义者。下面这个事实确认了这一点：在2世纪的柏拉图主义者凯尔苏斯（Celsus）那里，有一个观点与奥利金关于动物理智（intelligence）的观

---

[3] 在塔提安的名字出现后，弗雷德的文稿有一个不完整的语句（Who among Eastern Christian authors of Hellenic culture and Greek philosophy, pagan wisdom），我已经将其略去，因为我不知道如何将它补充完整。

[4] *Ad Graecos* 1.3.5-6.

[5] 在 *Ad Graecos* 15.2-3-4 中，塔提安说道，某些不具名的哲学家认为，动物具有理性。如果就像弗雷德所暗示的那样，塔提安自己也算其中之一，那么，在用 *aloga*（无理性的）这个词来指动物时（比如此处，以及 *Ad Graecos* 25.1-7-8），他对这个词的使用必须被认为只是符合当时的习惯用法。弗雷德所说的"一部关于动物的论著"，更直接的译法是"一部关于有生命的存在物的论著"。关于那部论述精灵的著作，提到它的文献参见 *Ad Graecos* 16.1-6，其中塔提安提到，他已经在"其他地方"表明精灵不是人类灵魂。

点非常接近，而奥利金正是针对凯尔苏斯来撰写其《反凯尔苏斯》(*Contra Celsum*)的。[6]这也符合如下事实：塔提安是殉道者游斯丁的一位追随者，而后者在皈依前就是一位柏拉图主义者，并在皈依后继续将自己视为一位哲学家，旨在发展一种新的基督教哲学。[7]我刚才说过，游斯丁多次提及人的自由，用的就是 autexousion 这个哲学术语。而我们还应该注意到，基督教神学的亚历山大学派——奥利金就来自该学派——是由潘泰努斯(Pantaenus)创立的，而潘泰努斯原本是一位斯多亚学派哲学家。[8]因此下面这个事实就不足为奇了：奥利金的著名学生、亚历山大的克莱门(Clement of Alexandria)受潘泰努斯的影响很大，他的著作中多次提到，确实有一些事情，做还是不做都取决于我们(to eph' hēmin)。不过，值得指出的是，克莱门在书中的讨论依旧使用了那一套陈腐的哲学措辞。

奥利金对我的论证来说非常重要，有如下几个原因。首先，对于自由和自由意志，他有很多话要说，稍后我们就会对此加以研究。他甚至就这个论题写了一篇短论，后来

---

[6] 参见 Frede, "Celsus Philosophus Platonicus," *ANRW* II 36, no. 7 (1994): 5183-5213，他在第 5211 页提及奥利金，*CC* 4.79, 84, 88, 96, 97。另一位主张"动物具有理智"的 2 世纪柏拉图主义者是普鲁塔克，见 Plutarch, *De sollertia animalium*；洛布版普鲁塔克著作参见 Plutarch, *Moralia*, 第 12 卷。
[7] 参见 Justin, *Dialogue* 2.6。游斯丁在这里提出的思想自传，其历史真实性有时会受到怀疑，但是不管怎样，这段话证明了他的一个信念：柏拉图主义是最接近基督教的哲学体系。关于塔提安与游斯丁的关系，见 Irenaeus, *Adv. haer.* 1.28.1。
[8] 参见 Eusebius, *HE* 6.10.1。

收入其雄心勃勃的巨著《论首要原理》(De principiis),很不幸,这部著作只有鲁斐努斯的拉丁译本传世。[9]确切地说,我假定奥利金是有史以来第一位详细而系统地论述自由意志的基督教作者。

其次,奥利金本人已经作为一位哲学家而接受训练,他很可能是阿莫尼乌斯·萨卡斯(Ammonius Saccas)的学生,后者也是普罗提诺的老师。[10]按照尤西比乌斯(Eusebius)的说法(*HE* VI.1.1),奥利金在哲学家当中享有很高声望。波斐利似乎很熟悉他的著作,甚至声称认识他。不管怎样,据说波斐利并没有在奥利金的学说中发现什么缺陷,却觉得有一件事情十分令人困惑、捉摸不透:奥利金何以可能是一位基督徒,并且在这些学说是如此明显地来源于希腊哲学的时候,还声称自己是在蛮人的圣经(barbarian scripture)中发现了它们?[11]从显灵迹者贵格利(Gregory Thaumaturgus)的《颂词》(*Panegyricus*, xiii)中,我们也了解到奥利金指导学生研习哲学。[12]奥利金的部分计划是要发

---

[9] 即阿奎莱亚的鲁斐努斯(Rufinus of Aquileia,公元4世纪)。
[10] 按照 Eusebius,*HE* VI.19.2-8 中的说法,这一主张的来源是波斐利。但是弗雷德使用"很可能"(presumably)掩饰了一个长期的争论:波斐利在这里是否弄清了事实。很多学者认为,他可能混淆了两个完全不同的奥利金。以下论文认为,他也混淆了两个不同的阿莫尼乌斯:M. J. Edwards, "Ammonius, Teacher of Origen," *Journal of Ecclesiastical History* 44(1993): 1-13。
[11] Eusebius, *HE* VI.19.2-8.
[12] 贵格利(约出生于公元213年)在凯撒利亚跟奥利金——他所赞颂的对象——学习哲学,后来他成为那里的主教。

展一套关于世界的理论，该理论对基督教的基本信条保持忠诚，同时使它们变得可理解并得到合理接受，此外还将回答一位理性的基督教徒将会提出但教会教义尚未解决的所有问题。在我看来，在将基督教问题加以精细化、系统化以及复杂化这些方面，奥利金促成了一个重大的进步。未来的一切神学都将从他那里获益，尽管这一点在过去很少被承认。在奥利金的有生之年，他那些雄心勃勃的思辨就因其明显受到柏拉图主义影响，从而令教会的某些权威惊慌失措。尽管奥利金的虔诚无人能比，尽管他由于信教而被迫害致死，尽管他在著述中就像潘菲利乌斯（Pamphilius）那样被当作一位无可置疑的权威而得到捍卫，但这一切都难以抵消他给教会造成的恐慌。于是，尽管尼撒的格列高利（Gregory of Nyssa）也意识到，不论是在奥利金的学生显灵迹者贵格利令自己的家庭改变信仰这件事情上，还是在神学中，他都受惠于奥利金，但是，除了在一两个地方外，他还是小心翼翼地避免提到奥利金。

第三，就连奥利金最猛烈的批评者，例如梅索迪乌斯（Methodius），也没有挑剔他对自由意志的看法。[13]事实上，这些看法从如下事实中获得了一种权威地位：凯撒利亚的巴希尔（Basil of Caesarea，尼撒的格列高利的弟弟）和神学家格列高利（即拿先斯的格列高利［Gregory of Nazianzus］），

---

[13] 关于梅索迪乌斯（死于约公元311年）这位基督教主教，以及对奥利金之复活学说的猛烈批评者，见 L. G. Patterson, *Methodius of Olympus: Divine Sovereignty, Human Freedom, and the Life of Christ* (Washington, D. C., 1997)。

将《论首要原理》第三卷开始部分的那篇论述自由意志——更确切地说是论述自由——的短文编入其《斐罗卡利亚》(*Philocalia*)一书中（第 21 章到第 27 章），由此为我们保留了最初的希腊文版本。[14]他们也摘录了奥利金撰写的有关自由意志学说的其他文本，例如有一段话来自《反凯尔苏斯》，另一段话来自《创世记注疏》(*Commentary on Genesis*)，还有一段话来自《罗马书注疏》(*Commentary on the Letter to the Romans*)。鉴于巴希尔和神学家格列高利都承认这些文本是我们在自由意志问题上的有用读本，我们就必须假设，他们都认为这些文本反映了基督教在这个问题上的正统看法。因此，我们可以认为奥利金的立场相当程度上代表了公元 3 世纪和 4 世纪基督教在东方的立场，不过我马上就需要补充一点：奥利金从其自由意志学说中所得出的推论在当时就遭到了他们的反对，后来则受到了强烈的谴责。

如果我们认识到下面这一点，就有了一个标准可以用来衡量奥利金赋予自由意志学说的重要性：在《约翰福音注疏》(*Commentary on John*, ad XIII.19.12.16)中，奥利金告诉我们，作为基督徒，我们必须相信上帝、耶稣基督、圣灵以及如下事实——既然我们是自由的（*eleutheroi*），那么我们就会因为自己所过的生活而受到惩罚或得到奖励。[15]我们

---

[14] 该文本收录于 E. Junod 所编辑的系列著作：*Sources Chrétiennes*（Paris, 1976）。

[15] 弗雷德这里提到的奥利金大概基于 *Commentary on John* 32.16，451.30-32，该文献收于 E. Preuschen, ed., *Origenes Werke*, vol. 4(Leipzig, 1903)。

肯定会好奇，关于人类自由的信念作为神用以惩罚和奖励的预设，竟然紧跟在对上帝、耶稣基督和圣灵的信念之后，位列第四。但这并不是奥利金的问题，因为在《论首要原理》的序言（第4—5页）中，我们同样得知，存在着一些基本真理，而使徒教义并没为我们留下空间去质疑它们，也没有表明它们不够清晰。这份真理的清单——任何理论都必须容纳这样一份清单——内容如下：第一，存在着一个上帝；第二，基督是由圣父生的；第三，圣灵是存在的；第四，灵魂有其自身的生命，会依据自身的应得（desert）而受到惩罚或得到奖励，不过一切理性灵魂都被赋予了自由意志。

对于那些对基督教基本信条不感兴趣的人，我想简单补充两句：就我对奥利金的真理清单所给出的简要解释而论，在奥利金的时代，很多异教的柏拉图主义者会乐意接受其中一些条目。当然，从我们的目的来看，关键之处在于，关于自由意志的假设被当作教会教义的最基本部分之一，从而得以再次提出。但是我们也应该注意到，在《论首要原理》（III.1.1）中，在那篇讨论自由意志的文章开端，奥利金更加谨慎地表达了自己的观点。从他在那里所做的评论中，我们可以清楚地看出，尽管教会教义的核心部分在于"我们会受到审判且受到公正的审判"，但奥利金本人其实是在推断说，我们必须因此假设我们是自由的，否则我们就不能对自己所做的事情负责——至少不能在"上帝的判断是公正的"这一前提下对自己所做的事情负责——而我们必须认为上帝的判断是公正的。"责任（responsibility）预设了自由或自由意志"，这个假设当然不是什么新说法。我们已经在阿弗罗蒂西亚的亚历山大那里见过了，而且在塔提安那里也发现已经有同样的说法。不过，值得注意的是，奥利金是何等轻易地做出了这个假设。只有到了5世纪初，相信有自由意志存在的信念才在迦太基被公开接纳为教会的学说。

所以在这里，我们有了一个理由来说明，奥利金为什么对自由和自由意志学说如此感兴趣。教会教义的一个关键要素是，我们会因为自己的行为而受到惩罚或得到奖励；奥利金认为这显然预设了我们是自由地选择以这种方式行动。

自由概念之所以对奥利金而言如此重要，还有一个不那么明显的原因。他相信，我们所认识的世界，尽管是上帝创造出来的，但也是理性的被造物利用其自由的一个结果，而这种自由是上帝按照自己的形象来创造他们时赋予后者的。上帝原本就创造了自由的理智或心灵，这些自由的理智或心灵都是平等的。[16]

此时，我们可能很想知道无身体的理智（disembodied intellects）为什么要使用意志。这里我们应该记住，斯多亚式的意志概念非常复杂——意志被理解为一种做出选择和决定的能力，也就是说，不只是选择去赞同促发性的印像（意愿做某事），而且也是相当宽泛地选择去赞同各种印像。即使是无身体的理智也有所行动：它们思考。柏拉图和亚里士

---

[16] *De princ*. II.9.6，特别是 169.25-170.2 Koetschau。参见 G. R. Boys-Stones, "Human Autonomy and Divine Revelation in Origen," in S. Swain, S. Harrison, and J. Elsner, eds., *Severan Culture* (Cambridge, 2007), 488-499。

多德就是这么认为的。因此无身体的理智具有思想或印象，它们必须选择要赞同哪些思想或印象，不赞同哪些思想或印象。当然，这预设了它们并非对一切事物都具有知识，而奥利金实际上确实假设了这一点。我们可能并不完全清楚他为何做出这个假设。为了理解他的要点，我们必须注意，理智有待于认识的事物就是上帝、理智自身以及其他理智。认识上帝就是知道三位一体，认识三位一体就是知道圣父（也就是善）、圣子（也就是神圣的理智乃至永恒真理）和圣灵。因此有很多事物有待认识。

这里有一个著名的问题，任何柏拉图主义者都无法回避。在《理想国》（6.509b）中，柏拉图已经声称善是超验的：它超越了存在（being）和理智，因为它是一切存在、一切可理解事物的来源，所以它本身就不是一种存在和可理解的事物。因此，上帝——或者说至少是作为圣父的上帝——既然是善（the Good），因此就是超验的，超越了哪怕是最纯粹的理智的知性理解。[17] 不过，如若一切事物都应该按照作为首要原理的善来加以理解，那么就必定存在对于善的某种理解。当柏拉图主义者谈论人们理解上帝的各种方式时，他们就想到这是其中的一种理解，哪怕它并不恰当——比如说，通过否定神学（negative theology）来理解上帝。因此，

---

[17] 关于不可能直接认知上帝（圣父），见 *De princ.* I.1.5。弗雷德将奥利金的上帝与柏拉图的善理念相比较，这种做法受到了他们两人在这个语境中所使用的太阳比喻以及如下考虑的鼓舞：当代柏拉图主义者经常将善理念视为他们的造物神。

被创造出来的理智并非无所不知——不仅在"它们并不知道一切"这个日常的意义上,也在以下更深刻的意义上:有些东西是它们原则上无法知道的,而只能多少恰当地按照它们所知道的东西来理解。

另一方面,我们不得不假设理智在被创造出来的时候就具有一定知识,否则它们根本无法思考事物。因此,它们生来就有一些概念,这些概念吸收了某种关于实在的基本知识,而柏拉图、亚里士多德以及斯多亚学派认为一切有理性的人都具有这种基本知识。所以理智在被创造出来的时候就是自由的,因为有了这种知识,它们就能发展自己的理解力,能够更好地理解上帝或善——如果它们恰当地花心思去理解的话。[18] 现在,理智对善的理解愈发达,它们的心灵就愈能反映上帝,它们也就愈像上帝,就好像在一面未曾扭曲的镜子中,映像能够与其中所映照的对象极为相似。在《泰阿泰德》(*Theaetetus*, 176b)中,柏拉图已经提出,生活的目的就在于变得与神相似(*homoiōsis theōi*)。帝国时期的柏拉图主义者采纳了这个观点,把它当作我们在生活中应努力遵守的准则。而奥利金不仅对此信以为然,也以同样的方式加以解释。但是在我看来,奥利金也相信自己是在遵循

---

[18] 奥利金在《论首要原理》中始终是这样说的,就好像如果理智——而不是基督的灵魂——要想有任何变化,唯一合乎理智的方向就是从上帝那里退开,参见 II.9.2。下面这个提议是弗雷德的论述中一个与众不同的特点:即使当理智保持彼此的平等时,它们在堕落之前也可以于知识上多少取得一些进展。

《圣经》，因为《圣经》说道，人是按照上帝的形象和样貌（homoiōsis）被创造出来的。[19] 人被造就为自由的理智，这样他就可以成为最像上帝的被造物。随着理智对善有了更好的理解，随着一个人对善有了更加清楚的认识，善似乎也就变得更有吸引力，而这就构成了一种更加有力的动机去理解善和变得像善。

但是，这个想法当然有一个预设：要细致耐心地不断思考这些困难问题，这样才能仅仅赞同那些值得赞同的印象或思想；因为人们可能在某个时刻缺乏注意力或是不够谨慎，从而同意某个错误思想。这样就会立即产生一个后果：自己对真理的认识变得模糊不清，认识善的能力也因此而变得模糊不清——无论是多么轻微的模糊。一旦错误乘虚而

---

[19] 奥利金实际上很小心地将两个思想区分开来：一个思想是，理智是"按照上帝的形象"（kat' eikona theou）被创造出来的，也就是说，是模仿基督被创造出来的，而基督是上帝的形象；另一个思想是与上帝"相似"（homoiōsis）的思想，与上帝"相似"是灵魂——也就是那些向下堕落的理智——在成功地恢复到其原始状况时对它们的奖励。关于前一个思想，见 De princ. I.2.6；II.6.3-6；Commentary on John 1.17（104-105），22.20-26 Preuschen. 关于这个区分，特别参见 De princ. III.6.1 以及 CC 4.30，进一步参见 H. Crouzel, Théologie de l'image de Dieu chez Origène（Paris, 1956），特别是第二部分第3章。弗雷德在这里并未注意到这个区分，但也许他的关注点并没有这样要求他。毕竟，按照所有的论述，一个至关重要的看法是，一切处于原始状态的理智都像灵魂那样自由地维持它们与基督的联合，也就是说，完整地实现了它们作为"按照上帝的形象"被制作出来的创造物的本性，后来又自由地选择将其引回到这个整体的道路——在它们亦将获得"与上帝的相似"之时。如果我们接受弗雷德的提议，同意理智被创造出来首先是要在知识和理解上取得进步，那么活动的这两个阶段之间的连续性就更明显了。

入，就很难不发生进一步的错误。而错误一旦累积起来，人们对真理的认识就会被严重扭曲，对善的理解就会被严重污染，结果，善似乎变得越来越没有吸引力。用一个比喻来说，我们不是在向上攀升，而是向下堕落了。

我已经较为详细地探究了这一点，因为后面我们还需要这些细节。但是，目前我们需要的是奥利金的以下观点：这些理智在创造之初本是平等的，通过其自身的行为，通过诉诸自身的意志来赞同或拒斥某些事物，它们陷入各种程度的错误。这样一来，理智就划分出一种等级结构：天使的理智，人类灵魂的理智以及精灵的理智。而且，奥利金还假设，上帝预料到了这种堕落，因而创造了包含身体的可见世界，这样一来，在人的灵魂被赋予形体的时候，它们或许就能取消错误对其心灵所产生的影响。而这样就会导致我们所认识到的那个物质世界——包括那个可见的世界——取决于被造物的自由意志。[20]

上述想法都对奥利金的论著标题的含义具有重要影响。一直以来都有人提出，这个标题指的可能是实在的诸原理（the principles of reality），即用来理解实在的原则。[21]我认为这大体上是对的。"论首要原理"（*Peri archōn*）这个标题是柏拉图主义者讨论实在原则的论著的典型标题。我们知道朗吉努斯和波斐利所撰写的此类论著，还有达玛西乌斯

---

[20] 尤其参见 *De princ.* II.1.1。
[21] 例如 H. Koch, *Pronoia und Paideusis. Studien über Origenes und sein Verhältnis zum Platonismus* (Berlin, 1932), 251-253。

（Damascius）的《论诸原理》(On Principles)。安喀拉的马塞卢斯（Marcellus of Ancyra）在批评奥利金的时候就是这样来理解其标题的。他批评的根据是，奥利金并没有先去充分地研究《圣经》，而是依靠柏拉图主义者的著作并由此转而讨论神圣的事物（sacred matters），就像马塞卢斯所假设的那样，我们仅从标题就可以看出这一点。在回应这个批评时，尤西比乌斯并未声称奥利金的标题与这些柏拉图主义的论著无关，而是否认"原理"（principles）这个词与"只有一个根本原理（ultimate principle）"这个假设之间存在任何矛盾之处。[22] 只要我们认识到，在奥利金看来，唯有通过在某种意义上成为被造物的自由的产物，世界才是可理解的，那么对奥利金著作标题的上述理解就更有道理。反过来说，这种理解为奥利金赋予自由和自由意志的那种重要性奠定了基础。它是仅次于三位一体的最重要的原则。

现在，我们应该简要考察一下奥利金在《论首要原理》III.1 的那篇短文"论自由"（Peri autexousiou）。正如我此前所说，奥利金一开始就指出，我们会因为自己的所作所为而受到公正审判、相应的惩罚或得到相应的奖励，而这显然预设了我们是自由的，也就是说，我们是否去做值得赞扬或应受谩骂的事情，这都取决于我们，依赖于我们（eph' hēmin）。在这里，奥利金简单地将自由理解为，确实存在着一些事情，做不做都是取决于我们的。因此，在 III.1.1 结束之际，

---

[22] 关于批评和回答，均参见 Eusebius, *Contra Marcellum*, 1.4.24-27。

他宣告要首先阐述"取决于我们"这一概念，再在阐明这个概念的基础上澄清问题。然后在 III.1.2-3，他着手解释"存在着取决于我们的事情"究竟意味着什么。

他的阐述是按照标准的斯多亚主义路线来进行的。在此基础上，在 III.1.4-5（即第一部分），他论证说，若有人认为他只能用自己实际上行动的方式来行动，因为外部环境使得他那样行动（例如，在面对一位有魅力的女人时），那么这人显然还没有理解什么叫作"取决于我们"。这样一个人所持有的自由概念是反常的，因为他认为，在外部环境并未驱使一个人做其他事情的情况下，只要一个人能够做自己想做之事，他就是自由地做事情（III.1.5）。

奥利金十分尽责地指出，环境所能做的，是在你这里产生一个你可以拒绝予以赞同的印象，尽管你也可以由于该印象所具有的煽动性而赞同它。在 III.1.5（即第二部分），他很快转而讨论以下可能性：有人可能争辩说，他不该因为自己正在做的事情而受责备，因为他天性（*kataskeuē*）就是如此，他只能这样行动，不可能用其他方式行动。奥利金再次尽责地指出，很多人已经设法克服了自己的天性。到了 III.1.6，他转向《圣经》中那些被认为对自由加以证实的文段，而在 III.1.7-24，对于《圣经》中那些被认为可能表明我们无法自由行动甚至不能自由决定的文段，他最终也给出了评论。

初看上去，这一切似乎很令人扫兴，特别是当我们期望看到有关自由和自由意志的新观念出现。这个系统的论述一开始恐怕是直接取自晚期斯多亚学派的某本手册。从这篇短文中，我们甚至都没有看出，对奥利金来说，自由（to autexousion）就在于具有一个自由意志（prohairesis eleuthera）。因此，我们不得不转向《论首要原理》的其他部分以及奥利金的其他著作。[23] 其中的措辞和主张——除了我们那个关键性的含蓄主张之外——完完全全是斯多亚式的——措辞几乎都能在爱比克泰德那里找到，所有的重要主张在爱比克泰德那里也差不多都有类似说法。只有在我们已将之归于爱比克泰德的那种理论背景之下，奥利金对《圣经》文本的部分阐述才变得可以理解。这样一来，有一件事情就很明显了：奥利金很大程度上是在依靠晚期斯多亚学派的自由意志学说；如果说其中有什么不一致的地方，奥利金对自由的评论肯定也不是为了纠正斯多亚主义者而与他们唱反调。

不过我们可以很清楚地看到，奥利金的评论是在反对那些反对者。毕竟正如《论首要原理》的序言所说，该书的目的是要澄清某些根本问题，使徒教义没有解决这些问题，但是那些自称笃信耶稣基督的人对这些问题却存有分歧或争执。请注意"自称笃信"（se credere profitentur）这个说法。[24] 这暗示了奥利金是在依靠一个大体上属于斯多亚学派的自由意志学说来批评很多基督徒持有或至少受其诱惑的异端观点——他认为这些观点是异端的。我想论证说，这些观

---

[23] 弗雷德所说的《论首要原理》的其他部分，可能是指第一卷序言第5段，关于"奥利金的其他著作"，最明确的文献可参见 Fragmenta inevangelium Joannis (in catenis), 43.7。
[24] 参见第一卷序言第2段（8.14 Koetschau）。

点就是星体决定论（astral determinism）以及我们现在所谓"诺斯替主义"（Gnosticism）的各种形式，虽然对奥利金本人来说，"诺斯替教徒"只是其中的一个特定群体（参见 CC 5.61）。

在这里我们一定要注意，教会教义是缓慢出现的，大约开始于公元150年，而且是在数个世纪后才被明确界定。还需要注意的是，后世看来堪称基督教正统主流的东西，即使在奥利金的时代也很不稳定，在他之前的时代就更是如此。2世纪的瓦伦提乌斯（Valentinus）和马西昂（Marcion）在遭到放逐之前可能都作为罗马教会的成员生活了很多年。[25]我们也必须记住，在划定界限的时候，就像我们从比如说德尔图良（Tertullian）的《驳赫尔摩吉尼斯》（In Hermogenem）中所了解到的那样，各个诺斯替群体都想方设法将众多基督徒拉向自己一方。甚至在奥利金的时代，教会内部的很多基督徒就是诺斯替教徒了，教会成员受到了诺斯替主义的诱惑，而四分五裂的诺斯替教徒又必须接受劝导而复归真理。诺斯替主义以不同形式对教会形成了威胁，并持续了很长时间。

星体决定论要和下面这个观点加以区分：星座是即将发生的事情的预兆，这是斯多亚主义者和奥利金共有的一个观点。不论是对基督徒还是非基督徒来说，星体决定论都有吸引力。[26]事实上，它有时候是一种诺斯替主义世界观的一

---

[25] 更多有关瓦伦提乌斯的论述，参见 A. Dihle, *The Theory of Will in Classical Antiquity*(Berkeley, Calif., 1982), 150-157。

[26] 尤其参见 *Philocalia* 23.14-16。

部分，就像在《约翰密传》(*Apocryphon of John*)中那样。[27] 我们可以从各位教父——例如尤西比乌斯、尼撒的格列高利或者奥古斯丁——那里看到，在后来很长一段时期，星体决定论对基督徒来说一直具有吸引力。奥古斯丁在一篇布道中告诉我们，很多人是因为相信占星术而不愿皈依基督教。[28] 我们可以看到奥利金是何等认真地看待这个观点，因为他在《论首要原理》的序言（第5段）中提到这个观点不符合教会教义——后者认为我们是自由的，并且在《创世记注疏》中颇为仔细地攻击了这个观点。巴希尔和拿先斯的格列高利也将这个文本整合到他们的《斐罗卡利亚》当中，作为其论述自由的章节中的一部分，这个事实在一定程度上表明，教会一直认为这一点非常重要。[29]

一旦了解这个背景，我们就可以从新的角度去看待奥利金有关自由和自由意志的观点中的诸多细节，以及他那篇论述自由的短文当中的很多细节。我们立刻清楚地看到，为什么在这么短的一篇文章中，五分之四的篇幅都是在讨论那些看似否认自由意志的《圣经》文段。其中一些最困难的文段来自保罗，特别是他的《罗马书》(*Letter to the*

---

[27]《约翰密传》的英译本收于以下文集：J. M. Robinson, ed., *The Nag Hammadi Library in English* (San Francisco, 1988), 104-123。

[28] 弗雷德大概是在指一篇新近发现的布道词，由F. 多尔博（F. Dolbeau）发表于 *Vingt-six Sermons au people d'Afrique*（Paris, 1996），557-559。感谢詹姆斯·奥多奈尔向我指出这一点。

[29] 奥利金已佚著作《创世记注疏》的两个篇幅较长的摘录参见 *Philocalia* 23.1-11 以及 14-21（其中一部分亦见于 Eusebius，*PE* 6.11）。

Romans）。而这些文段显然就是奥利金的诺斯替主义对手当时所依靠的文本。我们再来仔细地看看这一点，这样就可以确信，奥利金有关自由的看法其实是由这些对手塑造出来的。

奥利金与斯多亚学派一样，都相信这个世界——哪怕是在最微末的细节上——是由神意支配的。但是，对他来说，有一个事实十分棘手：人生来就具有不同的禀赋或天资，生来就处于极为不同的环境之中。实际上，天资和环境可能会令我们极难服从上帝的命令或戒律（如果这是可能的）。正如我们已经看到的，亚里士多德并不觉得这有什么问题，但奥利金却不得不为此忧虑，因为他相信神意，相信存在着一位无所不能的、公平公正的上帝。所以上帝不可能用这种方式来建立世界，由此让一些人——若不是大多数人的话——觉得难以甚至不可能服从上帝的命令。

正如我们已经看到的，奥利金解决这个问题的方式是，假设上帝将所有人创造为完全平等的，就像自由的理智那样具有完全平等的能力和可能性。这样他就可以声称，我们命运中所有那些进一步的分别和差异，包括我们的体质以及我们生于其中的环境，都是我们自己选择的结果，都是一种自我招致的惩罚，而上帝在其神意中已经为这种惩罚安排了它最终采取的形式，因为这样就令我们得以纠正那些导致我们堕落的具体缺陷（参见《论首要原理》II.9.6）。但是，从《论首要原理》II.9.5 和 I.8.2 当中，我们可以看到，即使其他人也同意我们生来就具有格外不同的天资并生活在极为不同的环境之中（这个事实可能很难处理，而奥利金是在向他的对手提出这个事实），但他们却从这个公认的事实中得出了一个迥然不同的结论。他在 II.9.5 指出，马西昂、瓦伦提乌斯以及巴希里德斯（Basilides）——三人都是诺斯替异教的重要首领——的追随者都反对下面这个观点：一位既公正又良善（aequissimus）的上帝能够创造具有不同本性或天资的人，能够创造不同层级的天使。他们同样反对的是，就世上的理性被造物而论，一位良善的上帝不会安排人们出生在极为不同的环境中，以至于他们所能过的生活也极为不同。在 II.8.2，奥利金的对手论证说，认为一个单一的创造者会创造具有不同本性的理性存在者，这并没有什么意义。奥利金完全同意他们的观点。但是，当他由此断言上帝将一切理性存在者创造为平等的而他们之间的差别由自己造成时，他的对手则推断说，至少某些理性被造物是一位较差的创造者的作品。

与此相关，在这里我们要注意的是，早在《论首要原理》序言第 2 段中，奥利金就解释说，那些自称是基督徒的人之间的分歧，所涉及的不只是细微末节的事情，而是某些根本问题，例如上帝、耶稣基督、圣灵以及某些被造物，也就是说——按照鲁斐努斯的译本（因为我们没有这个部分的希腊原文）——关系到权力（dominationes）和神圣的美德（virtutes sacrae）。《论首要原理》首先想要阐明或予以消除的正是这些分歧。

奥利金这里所考虑的肯定是诺斯替主义的观点。[30]不管怎样，这场争论看来关系到某些精神存在物的本性和来源——奥利金将它们看作上帝通过基督创造出来的天使，但是不同的诺斯替主义者对它们的理解则有所不同。[31]重要的是，这场争论是与诺斯替主义者之间的争论。而且正如我们已经看到的，正是诺斯替主义者不同意下面这个说法：犹太圣经的圣父创造了我们生活于其中的这个世界。在他们看来，那位圣父不可能是良善的和公正的，因此不可能是上帝。就此而论，关于基督的争论肯定还是与诺斯替主义者的分歧所在。因为在诺斯替主义的体系中，基督也是一位相当次要的存在者：他被派来拯救我们，但又远远不是上帝的心灵，而上帝通过其心灵来创造这个世界。

由此我们可以回到下面这个问题：为什么诺斯替主义

---

[30] 这一点应该被看作关于统治权和神权的争论，而且肯定是指保罗在 *Col.* 1, 16 和 *Eph.* 1, 2 中提到天国秩序时分别使用的 *kyriotētes* 和 *dynameis*（见 Origen, *De princ.* 1.5.1），不过这里所说的权力要用 *sacrae* 这个词来限定（看来应该是 *dynameis theiai*）。这接着表明，在这里我们有文献涉及 *theotētes*（或者神灵 divinities），两个文本都提到了这一点：一个是爱任纽在有关瓦伦提乌斯主义者（Valentinians）的论述（*Adv. haer.* 1.4.5）中提到的 *kyriotētes*，另一个则是诺斯替教的 *Epistula ad Rheginum* 44, 37-38, 英译文见 *Robinson, Nag Hammadi Library*, 52-57, 它们或许也是基于 *Cor.* 8：5 中保罗的一个解释；亦可参见 *Clement of Alexandria, Excerpta ex Theodoto* 43, 2。关于上述诺斯替主义的文本，见 B. A. Pearson, *Gnosticism, Judaism, and Egyptian Christianity* (Minneapolis, Minn., 1990)。

[31] 例如，巴希里德斯认为，它们是一个较为低等、实际上堕落的存在者（即 Sophia）的创造物（参见 Irenaeus, *Adv. haer.* 1.24.3-5）。

提出了这些如此重大的、关于意志自由的问题？从一开始我就想说，我的关注点并不在于发掘出蕴含在被奥利金攻击的那些诺斯替主义观点当中的真理。重要的是，奥利金是以某种方式去理解这些观点。不过我也想补充一点：我很看重奥利金必须提供的那些有关诺斯替主义的证据。如果现在回到那篇关于自由的短论，那么我们就会注意到，其中两段话（即 III.1.4 和 1.5）将奥利金对"在什么意义上存在着取决于我们的事物"这一问题的阐述和他对《圣经》文段的讨论分离开来。这两段话首先似乎是要处理一个人的行动所具有的两个没有说服力的借口。其中一个是，鉴于一个人的天性，他只能用他实际上采取的方式来行动；另一个借口则是，一个人所处的环境条件或者其环境中的欲望对象使得他用自己所采取的那种方式来行动。但是，只要考虑到诺斯替主义这个背景，我们就可以看到，这必定与诺斯替主义者的以下抱怨有关：一位良善的上帝绝不会创造具有这种体质的人，也不会将他们暴露在这种可预知会失败的环境中。事实上，奥利金肯定是想回答他在《论首要原理》II.9.5 当中归于马西昂、瓦伦提乌斯以及巴希里德斯的那个观点：人一出生就有不同的本性，所以有些人本性善良，因此会得到拯救；而有的人则本性邪恶，因此会被诅咒。同样，在《反凯尔苏斯》中（*CC* V. 61），奥利金记述了一个观点，他现在更加明确地将其归于瓦伦提乌斯主义者，即，有些人生来就更注重精神（spiritual），有些人天生就具有灵性（psychic），这些存在者会因为自己的天资而得到拯救或迷失方向。当奥利金在《反凯尔苏斯》中记述这一点时,就像在《论首要原理》III.1.5一样,他使用了同一个词语 *kataskeuē* 来指天生具有的状况(天资)。我们也知道,诺斯替主义有一个观点认为,存在着三种天资,即肉体的、灵性的和精神的:第一种天资必然招致诅咒,第三种天资保证了救赎,而灵性的天资至少可以让一个人摆脱诅咒。

奥利金在《论首要原理》III.1.4-5 攻击了下面这个观点:外部对象可以有力量支配一个人,以至于后者被迫以他实际上采取的那种方式来行动。奥利金在攻击这一点时必定是在回应一个主张:我们生活于其中的那个可见世界的统治者将我们置于这样的环境,由此迫使我们采取不该采取的行动。值得注意的是,奥利金在 III.1.6 的开篇用什么方式来引入他对《圣经》文段的讨论,同时使得这一讨论也可以充当对前面讨论的总结:下面这一点应该很清楚了——生活得好是我们的独特任务(*ergon*),上帝希望我们生活得好,但这不是上帝的任务,所以它既不会通过其他某个人或某件东西而发生,也不会像某些人所相信的那样,通过命运而发生。因此,我们的生活不是由上帝来决定的,不是由其他任何权力或力量——它们可能以某种方式构成了我们——来决定的,也不是由命运——例如表现为星体力量的运动趋向——来决定的。

明白了这一点,我们至少可以简要地看看那些质疑自由意志的《圣经》文段,看看奥利金是如何处理它们的。不妨考虑下面两句话(III.1.7),"这不在于一个人的意愿(*thelontos*),也不在于一个人的努力,而在于上帝的仁慈"

（*Rom*. 9.16），"意愿（*thelein*）和行动都来自上帝"（*Phil*. 2.13）。有人可能会将这两句话解释为：世界上所发生的事情——包括我们自己的行动——都是上帝的作品，至少不会缺少上帝的仁慈。但是这两句话好像也是在说，我们的意愿不是我们的，而是上帝的——上帝至多只是因其仁慈而以这样一种方式来安排事物，以此令我们当中的一些人得以做出正确的选择。我们可以很容易看到，如果想要论证，我们的生活取决于自己已有的天资或耳濡目染的环境，抑或取决于二者，那么该如何使用这两句话。当奥利金在 III.1.18 中讨论第一句话时，他明确地说，他的对手之所以举出这句话，是表明我们能够得到救赎并不完全是因为存在着一些由我们决定做还是不做的事情，也就是说，并不取决于我们的自由，而是取决于我们已被造就的体质，或者说取决于上帝的意志（*prohairesis*）——只要上帝愿意，他就会仁慈，就会按照神意来安排我们的生活，让我们得救。

奥利金解释这些文段以作回应的方式再次反映出斯多亚主义对他的影响。他早已准备好做出以下解释：从某种重要的意义上说，我们的行动（doing）无论如何都是上帝的作为，是按照神意而展现的世界进程的一部分。因此，如果一栋房屋最终建成，如果一位船长在暴风雨中设法将船只驶回安全的港口，那么在某种意义上这其实就是上帝的作为。但是，在"意志"问题上，奥利金毫不妥协。相反，他令人难以置信地声称，保罗肯定是想说我们的意志应该归于上帝，而不可能是要说每一个特定的意愿都来自上帝。

因此，在我看来，奥利金将一个相当具体的、但基本上是斯多亚式的自由观整合到他有关世界的观点当中——否则他关于世界的观点就是柏拉图主义的，因为这个斯多亚式的观点在观念上为一系列观点提供了多少算是现成的答案。而奥利金和基督教的主流思想后来发现，那些观点不仅是非正统的，而且特别危险。如果我们回过头来简要地看一看塔提安的寥寥数条评论，就可以看到，他之前肯定已经在关注那些观点了。[32] 因为塔提安强调说，只有上帝才是本性上或者本质上的善。因此，没有任何人在本质上是良善的并因此注定要得救。在塔提安看来，我们获得意志自由，是为了获得作为人而言可能获得的完善。因此，没有任何人因其天资而在本质上是邪恶的，没有人注定受到诅咒。我们是得救还是被诅咒，都取决于我们自己的所作所为，取决于我们如何运用自己的自由。于是塔提安立即开始反思某种命定论或决定论，这种决定论会阻碍我们，令我们无法去做为了获得拯救而需要做的事情。

我的主张是，基督教对自由和自由意志的兴趣，是由对各种形式的诺斯替主义和星体决定论的关注所激发的，而某种基本上可以说是斯多亚式的自由意志观为他们反击这些非正统观点提供了极好的支持，因此，我们没有特殊的理由去期待一种源自基督教的、全新的自由意志概念。[33]

---

[32] Tatian, *Ad Graecos* 7.1.
[33] 迪勒的结论也与此类似，参见 Dihle, *Theory of Will*, 143。

当然，这不是说奥利金的自由意志学说仅仅是斯多亚主义学说。二者之间存在一些重要差别。也许我们最好从此前注意到的那个学说入手来说明这一点。奥利金与克里西普斯和爱比克泰德不同，但是他就像亚历山大一样，将自由（*to autexousion*）看成是"存在着某些做不做都取决于我们的事情"，也就是说，存在着我们要对之负责的行动。他并不认为自由是这样一种东西：如果在我们的发展中没有什么地方出错，那么我们自然就会拥有自由，但只要走错了一步，我们立刻就会失去自由。对奥利金来说，我们从被创造出来的那个时刻起就是自由的，这种自由是我们作为理性存在者的本性的一部分，因此绝不可能失去。哪怕是精灵或恶魔也保留了自由意志。因此，特别是对奥利金来说，最小的错误并不会具有斯多亚主义者所认为的那种灾难性后果。对斯多亚学派来说，一切罪都是同等的，因为至少在经典斯多亚主义那里，说到底它们都是同样的罪，都是对一个不应予以赞同的印像给予了赞同。而对奥利金来说，错误一般都是通过累积而产生影响的。你可以是一位天使，犯了一个错误，但依然是天使。[34]

在斯多亚学派的自由概念和奥利金的自由概念之间还有一个重要差别，这个差别与我刚才所说的一致。在斯多亚学派这里，如果一个人具有智慧并将自己从一切不恰当的欲望和依恋中解放出来，那么他就绝对不会犯错误。在他的动

---

[34] 参见 *De princ.* I.3.8 和 I.4.1。

机之中，没有东西能够说明他为什么犯错。他坚定不移地知道善是什么，并且能够按照自己对善的认识而有智慧地行动（考虑到他的知识是有限制的），就像人们预期的那样去行动。但是，在奥利金这里，被创造出来的自由理智并非坚定不移地知道什么是善。有一道永远无法完全弥合的缺口将它们与善分离开来，这道缺口可以变小，也可以变大，但绝不会消失。因此，不管奥利金所设想的理智在智慧方面取得了多大进展，它们也可以犯错误。和斯多亚学派不同，他认为绝对不存在一种不可能出错的状态，因而就总是存在堕落的可能。另一方面，魔鬼也绝不会丧失其自由意志以及它们在被创造出来的时候就具有的知识。这足以将它们从魔鬼的品质中解放出来，最终回到天使般的地位。

这就是奥利金著名的"万有回归"（apokatastasis）论，对于正统的基督徒来说，该学说成了一项诅咒，除了尼撒的格列高利在《灵魂与复活》（De anima et resurrectione）中予以推崇之外，没有人表示赞同。[35] 事实上，奥利金似乎认为——至少在某些时候认为——理性存在者的上升和下降永远都在不断进行。不得不说，这个学说可以轻易削弱"拯救"作为一个独一无二的历史事件所具有的核心重要性。我们可以看到，后来的基督徒必须采取哪些教条的做法，才能停止这种永不停息的上升和下降，才能确保该下地狱者永远

---

[35] 例如可参见 PG 46，145.44-148.2，或者 156.30-32，在这里，我们的原始状态的"恢复"被认为等同于"肉身复活"学说。

都要下地狱，受到祝福者享有永恒福佑。这一点在奥古斯丁那里体现得最清楚。正是恒久的恩典令受祝福者不会再次堕落，同样，上帝也拒绝继续将恩典惠及那些已经永远堕落的人，而没有了上帝的恩典，他们就不可能重新得救。实际上，奥利金本人在《论首要原理》I.3.8 已经提供了这样一个观点：上帝可以按其恩典来安排事物，从而令一个人得以永久保有他已经获得的美德和智慧。

不管怎样，奥利金对自由的看法确实不是斯多亚式的。二者之间有着重要差别。但是这些差别的根源似乎并不在于奥利金的基督教教义，而是可能来自他所接受的柏拉图主义，一种在这方面受斯多亚主义影响很大的柏拉图主义。认识到这一点，我们可以再来看看，他如何解释理智的堕落。

在《论首要原理》中，奥利金提到三个可能的解释，而在我看来，这些解释不应该是彼此竞争的。第一个解释是餍足（satiety）。[36] 理智已经对真理有了足够的沉思，经历千辛万苦从其思想中将真理与谬误区分开来（《论首要原理》I.3.8）。第二个解释是粗心或疏忽（按照鲁斐努斯的翻译，他译作 neglegentia）：指一个人并未充分注意自己的印象，粗心地予以赞同（I.4.1）。第三个解释是怠惰（desidia et laboris taedium，II.9.2）：指一个人由于总是关注善（the good）而过度劳累，因此，在思考要把什么东西看作真和善这件事情上，

---

[36] 鲁斐努斯的译文中用的是 satietas 这个词；古希腊语大概是 koros，不过，关于二者的比较，见 Justinian, *Epistola ad Menam*, anathema 1。

他似乎就不再表现出必要的勤勉和热情。于是，意志就会做出错误的选择。但是请注意对这些选择提出的解释，或者不如说，首先要注意的是这里已经提出了一个解释。

　　意志的选择不是没有原因或解释的绝对意愿行为。错误选择的原因被解释为缺乏适当的关注。同时也请注意错误选择的本质。你选择了赞同，但是如果你更加细心的话，其实就不会赞同。这个选择甚至都没有被描述为是在两个事物之间进行选择。因为不选择赞同一个想法，完全不等于选择去赞同有矛盾的想法。即使你拒绝相信某个命题（p），那也不意味着你决定相信它的否定命题（not p）。至少在理智下降的早期阶段，它并没有办法去决定相信一件全然不同的事情。因此，奥利金所说的意志并没有什么神秘之处。它是一种做出正确选择的能力。但是，我们需要付出一定代价才会具有这种能力。这个代价就是，如果我们在做出选择时不够仔细，那就可能无法做出正确的选择，可能就无法在该赞同的时候予以赞同，或是在不该赞同的时候予以赞同。不过这里有一个解释，说明了为什么会发生这种情况——因为我们的粗心、怠惰和餍足。对于这一点，这里还有一个解释。

　　在基督徒和奥利金看来，一切被造物都受制于变化，实际上很容易消失。这一点只是下面这一古代哲学学说的一个版本：一切现成的东西都受制于变化，都会消失。柏拉图在《蒂迈欧》中为了提出创世神话而修改了这个学说，而很多古代学者——其中包括柏拉图主义者普鲁塔克和阿提库斯（Atticus）——都相信这个神话反映了柏拉图自己真实的观点。按照这个故事,神命令他自己创造出来的一切事物——包括灵魂的理性部分——永不消失,尽管它们本性上是可摧毁的。[37]这是一项神恩。然而,用这种方式来理解柏拉图的学说,在古代晚期甚至在基督徒那里,在灵魂的不朽本质这个问题上,就导致了很大混乱。

不管怎样,奥利金所设想的理智,包括它们的意志,都受制于变化。这恰恰源于"它们是被创造出来的"这个事实。因此,在《论首要原理》I.6.2,奥利金指出,既然这些理智不是上帝,那么"是善"就不是其本质的一部分,这样,它们或迟或早、或多或少不再关注真与善——哪怕只是暂时的。但是,柏拉图在《蒂迈欧》中的策略指出了纠正的方案。神通过其恩典不仅可以在我们的存在中维护我们,而且也可以在我们未能关注真与善的时候来维护我们。所以这里就有了一个问题:神为什么没有这样做?基督教的正统答案是,在这种情况下,我们自己没什么价值,也就无法博得上帝的恩典。奥利金是否也给出了这个答案,部分地取决于我们是否假设,他的确相信某种最终的"万有回归"(即这样一种状态:其中一切理性被造物都已得救,而且会留存在这种受祝福的状态中),或者取决于我们是否认为,奥利金确实认为一切理智都在不断地上升和下降。

---

[37]《蒂迈欧》(*Tim.* 41ab)将被造物描述为其持续存在完全取决于工匠神的善意,出于同样的原因,也是由工匠神的善意来保证的。

# 第八章

# 普罗提诺：回应斯多亚式的自由意志概念

## 古希腊哲学以及犹太教－基督教对神的设想

人们经常假设，只有通过犹太教－基督教的上帝概念（这个概念强调上帝的意志及其绝对的、无条件的特性），各种传统的意志概念才在历史上变得可能。[1]这个犹太教－基督教概念被认为根本上不同于希腊的"神"的概念，特别是不同于希腊哲学家对神的理解。据说希腊哲学家将神设想为一位智慧且善的存在者，因其智慧和善而必定创造可能存在的最好世界，而在犹太教－基督教思想中，被强调的不是上帝的智慧和洞察（understanding），而是其意志。这个世界之所以是这个样子，并不是因为上帝依其智慧和洞察而看到，这个世界若要成为可能存在的最好世界，就只能是这个样子。因此，上帝因其所具备的善而只能用这种方式来创造或安排这个世界。毋宁说，这个世界之所以是这个样子，是

---

[1] 因此，迪勒说，"在哲学史研究中，人们普遍承认，在从早期经院派哲学家到叔本华及尼采的很多哲学学说当中，意志概念被用作分析和描述的工具，而这是由圣奥古斯丁发明的"（A. Dihle, *The Theory of Will in Classical Antiquity* [Berkeley, Calif., 1982], 123）。

因为上帝就希望它是这个样子。事实上,人们经常声称,首先存在着一个世界,而这只是一个偶然事实。这个事实之所以被认为是一个偶然事实,是因为当上帝同样可以选择不去创造一个世界时,他是通过意志的自由行为而创造了一个世界。相比之下,人们认为,希腊哲学中的神——根据其本性——只能创造或安排及命令这个世界。因此对希腊哲学家来说,这个世界的存在就是一个必然事实。

遵从《创世记》中的说法,基督教也认为人是按照上帝的形象被创造出来的,按照人们的理解,这就十分关键地涉及下面这一点:人也仿照上帝的意志而具有一个自由意志。因此就有了这样一个假设:若要恰当地理解人的意志,就必须类比神的意志来加以理解。在我看来,我们可以认为这个假设在某些方面意味着,我们也可以通过某种绝对的意志行为来做事情,而这样一种意志行为甚至可能是无法加以说明的。

这种思想方式存在很多问题。我想至少指出一点:我们不应该把某些或多数基督徒的想法看成所有基督徒的一贯想法,更不能将之等同于基督教,更不用说犹太教了。而且,我几乎不必指出,要笼统地概括希腊人的"神"的概念,甚或只是概括希腊哲学家所说的"神",都是相当危险的做法。不过我想从一个简明的评论入手:在异教哲学中,我们已经无意中发现了一个思想——人的意志就像神的意志。这就是爱比克泰德明确所说的,神已经给予我们一个与其意志相似的意志(见本书第77页)。我也曾经指出,只有当我们看到，斯多亚学派所说的神不是按照某个先前的善来创造世界，我们才会理解斯多亚学派提出的"可能存在的最好世界"这一学说——这个善就是神尽可能试着加以实现的善，因为他喜爱这个善并且有智慧在最大程度上实现它。毋宁说，在神的完全理性的创世行为中，他本身就是善的典范，而且他通过创造规定了什么算作一个所谓的善，什么算作一个所谓的恶。

回溯至古代，在柏拉图、亚里士多德以及其他哲学家设想上帝的方式与犹太人及基督徒设想上帝的方式之间，确实存在一个对比。公元2世纪的盖仑就已经注意到了这一点。[2] 他是在对人的眼睫毛及其特点提出目的论说明时注意到的。在这一论述过程中，他一共区分了三种说明。第一种说明是伊壁鸠鲁这样的原子论者必须提供的，按照这种说明，一切事物从根本上来说都是偶然（chance）的产物。但是，盖仑认为更好的说明是由摩西（Moses）提出的，因为摩西至少考虑到一个情况：我们无法理解世界存在的方式，除非我们假设存在着一个终极原因或者说第一推动因，正是这个原因使得世界成为它所是的样子——这个原因就是工匠神或造物主。在盖仑看来，可惜的是，摩西的论述似乎也认

---

[2] 关于这个对比，参见 R. Walzer, *Galen on Jews and Christians* (Oxford, 1949)，在第 11 页及以下，该作者引用了盖仑的如下著作：Galen, *De usu partium* XI, 14. 弗雷德在下面这篇论文中讨论了盖仑的神学：Frede, "Galen's Theology", in J. Barnes and J. Jouanna, eds., *Galien et la Philosophie. Entretiens sur l'antiquité classique de la Fondation Hardt* (Vandoeuvres, Switz., 2003), 49: 73-129。

为世界的存在方式就在于神的意志，就好像神能够意愿任何事情（绝对是任何事情），神的意志就是存在之道。因此，盖仑认为另一个观点还要更好，这就是第三种观点：工匠神会考虑什么事情是能够做到的，因为即使是工匠神，也不是一切事情都能做到。所以，工匠神会选择去做所能做到的最好事情。就算是工匠神，他也无法让人类长出竖立的眼睫毛（如果眼睫毛要履行其功能，就必须是竖立的），除非他也让眼睑具备软骨组织，从而使得眼睫毛能够被固定在软骨组织中。盖仑认为，这就是柏拉图和希腊人的观点，他们在说明自然的时候遵循了正确的方法。

迪勒在其著作的开篇就提到了盖仑的说法，并提出一些评论，这些评论为后面的讨论奠定了基调和方向。[3]在这里，从这位极为博学的异教徒医生及哲学家的笔下，我们似乎可以看到一个对比——希腊人看待事物的"理智主义"（intellectualism）方式与犹太教-基督教看待事物的"唯意志论"（voluntarism）方式之间的对比；后一种方式是在对一位全能的神的敬畏下塑造出来的，这位神在他所能做的事情上不受任何约束，因此，在他能够选择去做或意愿要做的事情上，他也不受任何约束，而且也没有任何事物能够挫败或阻碍其意志的实现。

盖仑提到了柏拉图和工匠神，由此可以看出，他想的是柏拉图的《蒂迈欧》。盖仑自己是一位柏拉图主义者，虽

---

[3] Dihle, *Theory of Will*, 1.

然他不想这样称呼自己，也不希望别人用这种方式来称呼他。他撰写了几本论述《蒂迈欧》的著作。[4]他也很保守，所以接受了以下观点：柏拉图的《蒂迈欧》中所说的工匠神就是最高的神（God）。[5]持有这种观点的并非只有他一个人。但是，即使在盖仑之前，就已经有很多柏拉图主义者否认这一点，例如努默尼乌斯。[6]普罗提诺——部分地受到努默尼乌斯的影响——也会否认这一点。不久以后，每一位柏拉图主义者都会效仿这一做法。

这样做的理由很简单——我很快就会说到这一点，而且与我们的目的有很大关系。但是，我想首先指出，尽管盖仑是一位伟大的医生，或许还是一位重要的哲学家，但他说不上是一位神学家，甚至说不上对神学有浓厚的兴趣。事实上，他认为灵魂的本性和上帝的本性都是我们只能加以思辨的东西，在这里，"思辨"（theōrein）这个词具有一种轻蔑的含义。这种观点或许表明他有良好的判断力。然而除此之外，如果将《蒂迈欧》中的工匠神看作最高的神，如果我们

---

[4] 这里指的是以下这部四卷本著作：*Commentaries on the Medical Doctrines of Plato's Timaeus*（*Lib. Prop.* XIX 46）；该著作的残篇刊印于 *Corpus Medicorum Graecorum* Supp. I（1934），有争议的"新"残篇则见于 C. J. Larrain, *Galens Kommentar zu Platons Timaios*（Teubner, Stuttgart, 1992）。感谢詹姆斯·汉金森向我提供这个信息。

[5] 普罗提诺的老师阿莫尼乌斯采取这个观点，正如朗吉努斯（Longinus）的保守主义思想也会采取这个观点一样。关于这两个人物，参见 M. J. Dillon, *The Middle Platonists*（London, 1977）, 380-383。

[6] 关于努默尼乌斯，参见 J. M. Dillon, The *Middle Platonists*, 366-372 以及 M. Frede, "Numenius," *ANRW* II 36, no. 2(1987): 1034-1075。

假设最高的神就是所存在的一切事物的根源和原理，那这里就有一个问题。不仅是盖仑，柏拉图也这样说过，工匠神在创造世界时，所仰观的永恒典范包含了理念及其界定的永恒真理，而且他是按照自己对善的设想来行动。[7] 但是，咱们这些读过柏拉图《理想国》的都知道，善也是各理念的根源和原理，因此也就是一切事物的根源和原理。[8] 所以工匠神往好里说也和最高神（God）这位万物之父差着两层。因此下面这一点也就不会令人惊讶：工匠神不能做所有的事，而仅限于做他能做的事，他不仅受到材料的约束，而且也被先前的实在所约束，而后者首先是由善或最高神构成的，其次则由理念或永恒真理构成。因此，努默尼乌斯、普罗提诺以及所有后来的柏拉图主义者都将最高的神与工匠神区分开来。

如果我们将摩西所说的上帝与古代晚期哲学家所说的最高神加以比较，那么我们用来比较的希腊概念就应该是努默尼乌斯或普罗提诺所说的最高神，而不是盖仑所说的神。遗憾的是，我们对努默尼乌斯所知甚少。不过，我们确实知道，他用极尽赞美的措辞讨论了摩西的上帝概念，而且对于奥利金和普罗提诺的神学产生了很大影响。[9] 关于普罗提诺

---

[7] Plato, *Tim.* 28a, 29a, 30c.

[8] *Rep.* 6, 509b.

[9] 关于努默尼乌斯对摩西和《圣经》的讨论，主要文献来源参见 Eusebius, *PE* IX.6.9。进一步的讨论参见 M. F. Burnyeat, "Platonism in the Bible: Numenius of Apamea on *Exodus* and Eternity," in R. Salles, ed., *Metaphysics, Soul, and Ethics in Ancient Thought* (Oxford, 2005), 143-170.

的"最高神"概念,我们所掌握的文献有他的论著《论自愿与太一的意志》,在这篇著述中,他基本上放弃了对于终极原理通常所采取的沉默态度。他在开篇(《九章集》VI.8.1.5-6)就声称,上帝可以做任何事情,所有事情做还是不做都取决于他。[10]

普罗提诺提议说,全部实在都来源于神圣意志的一个绝对自由且完全没有限制的行动,凡人的自由意志则必须被理解为这样一个神圣意志的模糊形象。不用说,我并无意去证实普罗提诺观点的真相。我只希望自己能够表明,普罗提诺确实持有这个观点。由此我们可以推断说,将这种理解人类意志的方式看成犹太教-基督教特有的,或者认为基督徒据此而对"意志"达成了一种观念或理解,从而将异教徒隔绝开来,这是完全不对的。在讨论普罗提诺的时候,我们也将有机会——到现在都还没有这样的机会——稍微详尽地看一下,一位柏拉图主义者如何接受一个原本属于斯多亚学派的自由意志概念。

## 普罗提诺:《论自愿与太一的意志》

普罗提诺的探究从下面这个问题开始:我们可否追问,对众神来说是否也存在某些事情——做或是不做都取决于他

---

[10] 最容易找到的希腊文本和译文是 A. H. Armstrong 编辑、哈佛大学出版社 1998 年出版的洛布古典书库的七卷本版本。还有一部相关评注:G. Leroux, *Plotin. Traité sur la liberté de la volonté de l'Un* (Paris, 1990)。

们，或者说他们可以自由地去做或不去做？是否这个问题只在人类这儿才出现，因为人的无力感是如此明显，以至于我们可能很想知道，是否存在任何做或不做都由人决定的事情，以及人究竟有没有自由？与此相比，人们可能会认为，众神拥有完全的自由，所以这个问题对他们来说根本不会出现。普罗提诺将太一或最高的神（God）、众神以及人类加以对比，并用这个更加复杂的对比取代了神与人的简单对比，由此他很快就回答了原先提出的那个问题。他也观察到，关于如何理解"某事可以被说成取决于最高的神或众神"这一说法的含义，存在着很多问题。在接下来的讨论中，我们将会看到，这个更为复杂的对比必须予以提炼，变成太一或最高神、理智（因为众神是理智）、理性灵魂以及人类（就人具有肉身而论）之间的对比。

在普罗提诺看来，这里我们是在处理一种等级结构，它表现了实在的不同层次。存在着太一，或者说最高的神，或者说善，它们理应是一切实在的根源和说明。存在着理智，它表达了永恒不变的真理的层次。存在着灵魂，它旨在按照这些抽象的永恒真理将具体结构赋予物理实在。存在着具有肉身的人，而人就是这样一种结构化的产物。对于这四个层次上的每一个存在来说，我们都想知道，在什么意义上我们可以说，存在着某种事情，做还是不做都由他们决定。

事实上，普罗提诺的论著主要关系到最高神的自由，关系到"做不做某事都可以被认为取决于神"这一说法的含义。我们很容易明白，为什么这必然会成为普罗提诺的主要关注。柏拉图有时——例如在《蒂迈欧》中——用这样一种方式来描绘事物，就好像可感世界的内容最好被理解为一种镜像：它是一种非物质的、仅凭理智就能加以把握的实在的镜像，尽管由于镜子自身的不足而受到扭曲。普罗提诺相应地假设，那些处于较低的实在层次的事物，其典型特征反映了处于较高层次的事物在较低层次上被表达、反映或者形象化的方式。因此，在较高层次上作为理智而出现的东西，即使与物理世界的变幻无常无关而仅仅关注永恒真理，但在较低层次上就会表现为某种与物理世界中的变幻无常有关的形象，表现为与物理世界中的生命所必然具有的需求有关的形象：理性灵魂。

实际上，当你在看一个人的时候，或者当你在镜子中看到一个人的形象的时候，你看到的其实并不是两个东西，而只是同一个东西，也就是那个人。所以说，理性灵魂只不过是出现在较低层次上的理智。因此，如果具有肉身的人具有一个重要特征，即他们是——或者至少能够是——自由的，如果他们的一部分本性就在于他们是自由的或者至少能够是自由的，那么这个特征必定在上一个层次的某个相应特征中有其来源，也就是人类自由在理性灵魂层次上的对应物。反过来，这一对应物在上一个层次（即不带身体的、纯粹理智的层次）又必定有其对应物，而后者的根源又必定在太一或善的某个特点之中。因此，我们感兴趣的就是太一的这个特点，因为它就是一切自由，包括我们人类的自由的根本来源。只有当我们将太一理解为一切自由的原型时，就我们能够理解太一而言,我们才会理解我们的自由,因为我们的自由就是对神圣自由的一种反映的反映的反映(a reflection of a reflection of a reflection of divine freedom)。正是因为这个缘故,当普罗提诺在第七章中转而讨论太一的自由时,他就可以说,其他一切事物都是从太一那里得到了某些力量或能力,正是由于有了这些力量或能力,我们才能说它们处于一种堪称自由的境地。

不过,我们不可能以太一的自由作为研究的起点。对我们来说,这个问题过于晦暗不清,而这也是为什么它需要被澄清。所以必须从自己熟悉的东西入手,也就是下面这个我们熟悉的事实:在某种意义上,存在着一些做或是不做都取决于我们的事情。在这里,我们所采纳的是典型的亚里士多德式的方法。从自己熟悉的东西入手;虽然这些东西并不是很清楚,但我们至少对它们具有某些直观。在此基础上,我们试着推进到它们背后的原理。一旦把握了这些原理,它们最终就会变得非常清楚。借助于这些原理,就可以回来考察那些被我们当作起点的熟悉的事物。现在,根据所发现的原理,我们也就真正理解了那些熟悉的事物。因此,普罗提诺的假设必定是,只有按照我们对神的自由的理解,才能在根本上理解,我们在什么意义上是自由的,以什么样的方式是自由的。而我们已经看到,为什么普罗提诺认为下面这一点是一定的:我们的自由只是神的自由的一种反映或形象。

更具体地说,普罗提诺并不只从我们熟悉的事情开始,即"我们是自由的"这一假定事实,而且也从我们所具有的

"某事取决于我们"这一概念开始,即我们认为有些事情,做不做都是由我们决定的。然后我们就采取向上追溯的方式来展开讨论。我们看看个体在什么意义上、以什么方式可以被说成是自由的,灵魂在什么意义上、以什么方式可以被说成是自由的,理智在什么意义上、以什么方式可以被说成是自由的。因为我们不应该预期"自由的"这个术语在所有层次上都以同样的方式、在同样的意义上加以使用。在亚里士多德那里,我们都很熟悉这样一个想法:不同的含义之间是有一个等级结构的。亚里士多德的哲学生涯开始于如下思想:世界上有很多实体(substance),其中包括苏格拉底和其他人类、植物、动物、星体以及神。亚里士多德早期的说法似乎表明,他认为所有这些东西都在同样的意义上、以同样的方式是实体。[11] 但是亚里士多德后来初步采取了几个步骤来纠正这个错误。他自己的成熟观点似乎始终认为,神在不同的意义上、以不同的方式是实体,这与有形体的存在者得以成为实体的意义和方式有所区别。实际上,看来他已经假设,有形体的实体据以成为实体的意义和方式,必须被理解为神作为实体的意义和方式的一种弱化版本;这就类似于他的另一个观点:一个人造物得以成为实体的意义和方式,也是自然实体得以成为实体的意义和方式的弱化版本。普罗提诺也用类似的方式来思考自由。当我们沿着这个等级结构向上追溯时,就必须去探究这个层次的事物究竟是在什么意

---

[11] 在《九章集》VI.1,普罗提诺认为亚里士多德试图表明这一点。

义上、以何种方式才能被恰当地说成是自由的,从而较低层次的自由可以被理解为较高层次的自由的一种弱化的相似物。他将这种适当地改变"自由"或"取决于我们"之含义的过程称为"隐喻"(metapherein,1.19-20)。

普罗提诺以"某事取决于我们"这一概念作为起点,这个概念是这样说的(1.31-33):如果某事顺从(douleuei)我们的意愿,而且它是否发生在某种程度上就在于我们意愿它,那么它就取决于我们。不过从实际情况来看,这一点其实并不明显,实际上还存在一个文本上的困难。[12] 不过,这里的上下文很清楚地表明,对普罗提诺来说,任何事情若要"取决于我们",就必须满足两个条件:第一,它是否发生并非与我们无关,并不是已经由世界的进程予以确定;第二,它是否发生取决于我们,更具体地说,取决于我们有意愿要去做出这件事情。

第一个条件这样的因素是必要的,因为正如普罗提诺在前一行(1.30)所指出的,我们可以意愿做某事,但是尽管我们想这么做,环境却会阻止我们,令事情无法完成。有些事情是我们受阻碍而无法完成的,即使我们意愿去做这件事,甚至可能是很强烈地意愿,它肯定也不是取决于我们的。因此,第一个条件想必是要确保,世界上没有什么东西会阻止我们去做想要做的这件事。

---

[12] 弗雷德显然接受了基尔霍夫(Kirchoff)对抄本的勘读,例如读作 tosouton,而不是 touton。

为了理解第二个条件，我们必须看到（接下来的几行表明了这一点），就像阿弗罗蒂西亚的亚历山大那样，普罗提诺是在尝试把自愿的事情和取决于我们的事情区分开来（见本书第95页）。普罗提诺对自愿的事情（*hekousion*）给出了如下描述：自愿的事情就是在我们非常清楚自己正在做某件事，而且不是被迫去做这件事的情况下，我们所做的事情。这大致对应于——而且普罗提诺显然想要对应于——亚里士多德对我们所能负责（*hekontes*）的事情所做的描述。因此，如果你觉得有点饿并且看到了一片面包，那么你可能会对这片面包产生一个欲望，这个欲望促使你拿到这片面包并且吃掉它。这是自愿的，因为没有什么东西强迫你去吃那片面包，而且你完全知道自己在做什么。但是，当普罗提诺要求一个行动必须来自一个意愿，由此才能取决于我们的时候，他其实是在要求，这样一个行动不应该是由任何类型的欲望激发的，而应该是由一个出自理性的欲望——与无理性的欲望相对——激发起来的，就像我们在刚才那个例子中看到的一样。

这个要求看来足够合理，而且看起来也很接近亚历山大对以下问题的理解：什么事情是取决于我们的？它与"仅仅是自愿的事情"的区别何在？但是，普罗提诺现在（在接下来的1.33-34之中）提出了下面这个说法，从而将自愿的事情与取决于我们的事情加以对比：一方面，自愿的事情是我们在没有受到强迫的情况下充分知情地去做的事情；另一方面，只有当我们能够决定（*kyrioi*）一件事情是否得到完成时，这件事情才是取决于我们的。普罗提诺的论述会以这个描述作为起点，由此将他自己与亚历山大对下面问题的理解区分开来：什么行动算是取决于我们的？什么行动算是自由的？在普罗提诺完成这项工作之前，我们就会发现一个自由概念，它很接近斯多亚学派的概念，而且无论如何都比亚历山大的概念更强、更严格。

按照这种新理解，所谓"取决于我们"，就是说我们是主人并对自己所做的事情负责。为了看到这种新理解的力量，不妨考虑以下论述。假设你是某人的奴隶、仆人或下属，他对你有权威或控制权。他是主人（kyrios），他决定要做什么。他的意志决定了一件事情要不要做。于是他命令你做某事。你做了这件事并且是自愿去做的。他没有强迫你去做这件事，而且你也知道自己在做什么。但是事情其实并不是这样：你之所以做这件事，是因为你自己决定或意愿要将这件事完成。相反，是你主人的意志要让这件事得以完成——实际上是要由你完成。或许要是你来决定的话，你可能宁愿去做别的事情。或许你甚至特别不喜欢去做别人要你去做的事情。不管怎样，"必须做出那件事"并不是你的意志，也不是你的决定或想法。所以说，普罗提诺其实是在要求，如果一个行动取决于我们，那就应该是我们自己意愿去做的。这里的着重点发生了一个关键变化：从"那是你意愿要去做的事情吗（相对于只是有欲望去做的事情）"转变到"那真的是你意愿要去做的事情吗（相对于其他的人或事物想要你去做的事情）"。普罗提诺接下来的论述就要利用这个转变。

在第二章和第三章中,他论证说,你的行动若要取决于你,就必须是下面这种情况:你要做出该行动的冲动或欲望必须是某种类型的冲动或欲望,而不能是单纯的身体欲望(*epithymia*)。这是因为:一个身体欲望源于那些并非完全取决于我们的印象,而印象之所以并非完全取决于我们,是因为它们由身体产生,特别是由体液产生的。[13] 我们也可以用某种类似的论述来说明意气或血气(*thymos*)。因此,如果我们记得柏拉图和亚里士多德所区分的三种欲望类型,那么我们还剩下来自理性的欲望(the desire of reason)——或者就像普罗提诺在这里所说的,理性的考虑(*logismos*)加上欲望。因此我们或许认为,普罗提诺现在指的是一个人最终达到的信念,即去做某事将是一件好事,而这个信念产生了来自理性的欲望。因此也可以认为,我们现在已经替普罗提

---

[13] 在这里我想顺便指出——虽然这应该做更详细的讨论——在普罗提诺的时代,在灵魂的无理性部分和身体之间似乎并没有做出这么多的区分。灵魂的无理性部分的状态似乎被认为在很大程度上——如果说不是完全的——取决于身体的状态。我们不仅在盖仑那里发现了这个观点,而且似乎也可以在阿弗罗蒂西亚的亚历山大那里发现。关于盖仑,参见 *PHP* V, 464;关于亚历山大,参见 *De anima* 24.21-23 以及 *Mantissa* 104.28-34。感谢罗伯特·夏普斯提供了关于亚历山大的参考文献。我们几乎可以肯定,这在很大程度上是受医学影响的结果。但是,我们也应该记得,早在柏拉图的《斐多》(64d-65d)中,知觉和无理性欲望就是取决于身体的。不管怎样,如果我们是被身体欲望所激发的,那么普罗提诺就会认为,是我们之外的某个东西——我们的身体(更别提欲望的外在对象了)——决定我们所追求的东西(what we are after)。我已经补充了"after",因为这句话的含义似乎要求这样一个结论。

诺找到了回答下面这个问题的方式，即一个行动该如何被激发出来才能算作自由的？但是，普罗提诺有充分的理由去谈论一个与欲望相结合的理性考虑。因为他现在已经表明，即使是由来自理性的欲望所激发而做出的行动，也不足以被看作自由的。普罗提诺强调说，这里所说的欲望应该源自你的理性考虑，而不是相反。也就是说，这个欲望必须是由你对"做什么才是好事"这个问题的理性考虑所产生的。只有这样，该欲望才能够恰当地被看作一个意愿（willing）。

在我看来，相反的情形是这样的。我们有一个身体欲望，这产生了一个理性考虑，其大意是"这样去行动会是一件好事"。这种合理化接着产生一个意愿。但是，既然这个意愿来源于身体欲望，它就不足以令该行动具有作为自由行动的资格。但是普罗提诺并不满足于这个限制，而是继续追问：如果你的理性考虑将你引向错误的结论，再由此引向错误的欲望以及错误的意愿，那又会如何呢？在他看来，在这种情况下，接着发生的行动也不是自由的，因为你之所以做出这个行动，仅仅是因为你犯了一个错误并被某个不确定的事物所误导。行动若要被算作自由的，你的结论就必须是正确的结论，而你的欲望也必须是正确的欲望。但是即使这样也还是不够充分。为了说明这一点，我们可以假设，你是碰巧撞上了正确结论，既然如此，那么你的考虑就犯了两个逻辑上极为可笑的错误，它们相互抵消。因此，是机遇让你做出了你的行动。但是我们确实不希望我们行动的自由取决于机遇。于是普罗提诺就得出了以下结论：仅当行动源自知识的时候，也就是说，仅当它源自那种仅为有智慧的人所具有的见识和理解时，这个行动才是自由的。所以我们几乎又回到了斯多亚主义。我之所以说"几乎"，是因为尽管普罗提诺和斯多亚主义者都同意只有具有智慧的人才是自由的，但是关于这种自由的本质是什么，他们之间分歧很大。

普罗提诺承认一个具有肉身的人也具有自由，但是在两个方面受到高度限制。其中一个限制来源于以下事实：我们既有灵魂的无理性部分，也有身体。因此我们天生就有某些欲望。我们不可能没有这些欲望。所以，无论我们是多么想要吃东西——因为我们明白吃东西是一件好事，并因此而具有想吃东西的理性欲望，但是一般来说，我们在吃东西的时候也是在按照一个自然的无理性欲望来行动，因此就是在遵循大自然的必然性（2.13-15）。所以当我们吃东西的时候，即使我们具有智慧和美德，一般来说我们也并不是完全自由的。我们的动机是混合的。对我们的自由的第二个限制从归于灵魂转而归于具有肉身的人类。因此，为了理解这个限制，我们现在应该转向对灵魂及其自由的讨论。

我们可以想象得到，如果灵魂具有智慧和美德，那它就是自由的。灵魂的功能是要向具有肉身的人类提供一种特定的人类生活，在理想状况下也就是一种好生活。因此，灵魂自身也要关心身体的维护和福祉。在普罗提诺看来，有智慧的灵魂对于肉身或可见世界并不抱有敌意。尽管神意在他看来并没有向下渗透到可见世界的所有细节，但是，就像斯多亚主义者所认为的,这个世界的总体秩序是合乎神意的,而这一秩序的一部分恰恰就是,存在着这样一个容纳了各种由灵魂赋予生命的存在物的世界。对于任何能够视物的灵魂来说,可见的世界有其真正的、绝非庸俗的迷人之处。毕竟它反映了自己的来源,即永恒的真理、善以及美。可见的世界诚然只是一种微弱模糊的反映,但是必须记住,你不能指望物体——包括你自己所关心的身体——比它所能成为的样子更好。既然你的身体事实上缺乏理性,那么除了强烈要求满足自身需要之外,它还能做什么事情呢?[14]

尽管灵魂会照看身体方面的需求,但这并不意味着它自己也会真的关心这些需求,变得迷恋它所在的这个身体(或任何身体),变得依附于或受制于身体。这并不意味着灵魂必须让自己被迷惑,以此将身体的欲望合理化,就好像身体的善也是灵魂自己的善。身体的善在于处在一种功能发挥良好的状态。而灵魂的善则在于拥有智慧和美德。因此,灵魂的旨趣在于获得并维护其智慧和美德。而如果有智慧和有美德地行动要求一个人放弃他的生活、财产、子女甚至自己的国家,但做无妨(6.14-17)。

这就足以说明对我们的自由所提出的第二个限制。即使是灵魂的自由,也是相当脆弱和有限的。既然身体有其自身的需求和欲望,既然这些需求和欲望会进一步产生更加复

---

[14] 普罗提诺最长、最重要的一篇论文(《九章集》II.9)旨在反对诺斯替主义者及其对可见世界的妖魔化。

杂的欲望，灵魂就会持续地烦躁不安。即使灵魂具有美德，它最终也有可能陷入困境，也有可能为了维护其美德与自由而不得不矫正自己。因此，普罗提诺所说的有美德的灵魂，并不像斯多亚主义者所设想的有智慧的人那样在其自由中不会受到任何挑战。他所设想的有美德的人好像也不符合柏拉图或亚里士多德所说的完美之人的形象，后者没有任何其他动机，没有任何其他倾向，只有合乎美德地行动，而且没有任何困难或冲突。对普罗提诺来说，灵魂与身体的结合看来必然威胁到它的美德，进而威胁到它的自由（5.27及以下）。

灵魂的自由还有一个限定。合乎美德地行动真的是一个自由的选择吗？普罗提诺在第五章着手处理这个问题，在那里，我们得到的答案非常接近斯多亚学派和奥利金所给出的答案——尽管出于不同的理由。斯多亚学派和奥利金继续假设，世界所展现的方式是由神意决定的。这反过来要求对"我们在世界上自由地行动"的含义施加一个限制。这不是普罗提诺的问题，因为正如我们已经指出的，他并不相信神意决定了所发生的一切，包括我们的行动在内。但是他仍有这样一个问题：即使按照他对世界的看法，我们会不会成功地做完我们打算做的事情，这也不是完全由我们控制的（5.4-5）。所以在这个意义上，在他看来，我们意愿做的事情会不会由我们最终完成，严格来说也并不在于我们的选择。我们不是主人（*kyrioi*），无法完全决定能不能成功做出自己打算去做的事情（5.5）；因为那些碰巧完成的事情并不是由我们决定的。我们只能尽力而为（5.6-7）。但是普罗提诺还有其他的担忧。如果我们具有美德，那么我们就会合乎美德地行动，即使能否成功完成这些行动并不取决于我们。现在，普罗提诺提出质疑——我们是否真的可以被认为意愿要做或想要去做合乎美德的事情？他说，我们可以看一下希波克拉底的例子（5.20）。他是一位了不起的医生，不用说，他肯定很愿意治疗病人，使他们免受痛苦。但是同样，希波克拉底肯定会首先宁愿病人不生病，宁愿自己不处于那种"必须治疗一个人"的境地。在这个意义上，他的行动是这个世界的现实状况强加给他的。

现在我们考虑一下有美德的行动。如果你具有智慧和美德，那么你在战争中也会是勇敢的。但是，为了自己能够表现英勇而希望发生战争，这无疑是不合常理的。首先，你会宁愿没有战争，宁愿你的勇敢派不上用场。当你施行正义的时候，你会是公正的。但是，你肯定宁愿无须去施行正义或纠正错误。由此看来，即使有美德的行动——无论其动机是多么纯粹——似乎也不再是真正的、绝对的自由。在某种意义上它们都是这世界的现实状况强加给你的。如果不管怎样你都做了这些行动，那是因为你的灵魂热爱善——如果它有智慧和美德的话，因为它认识到这就是需要做的事情，并且愿意去做需要做的事情，否则它就会变得不合理。但是，它真正感兴趣的是变得合理，变得具有理解力和洞察力，变得热爱善。而这就是灵魂的善所在，而且它会意识到，如果它让自己变得困惑，由此而令你做出不合乎美德的行动，那么灵魂的这种善就会受到损害。

普罗提诺由此推断说，所谓灵魂的自由，最主要的不是某种令我们得以在这个世界上做出行动的自由，而是一种内在的自由，令我们能够思考正确的思想，并根据对实在的洞察和对于善的明晰理解来形成正确的欲望。普罗提诺将灵魂的这种状态称为"第二理智"（second intellect, *nous tis allos*），他说这种状态下的灵魂可以说已经"理智化"了（*noōthēnai*, 5.34-36）。在这种状态下，灵魂就不会允许我们成为奴隶。

说完这一点，我们现在可以转到理智。我们必须明白，普罗提诺笔下的"理智"（intellects）与奥利金所说的不同，它们不是被创造出来的，而是永恒的。它们知道永恒的真理。它们就像完美的理智那样，对于善具有同样好、同样牢固的理解。它们永远都在沉思真理。它们知道它们的善就在于对真理的沉思。因此，这就是它们想要做的事，是它们极为热衷的事。而且，它们越是这样做，就越是享受，因为它们总是能够在自己从事的活动中获得成功。它们是完全自由的。它们能够做到所有想做的事情，因为它们想做的就只是这个。还有一点也是肯定的：就算它们能够做自己想做的任何事情，这也不会导致任何不好的后果。既然它们是不带肉身的理智，那么它们想要做的不外乎是认识并理解真理及其在善（goodness）当中的根源。没有任何事物能让它们从这件事情上面分心，没有任何事物能让它们想要去做别的事情，没有任何事物能阻止它们去做自己想做的事情。

对照现代的自由概念，我们肯定会觉得这种自由相当怪异。理智只能做自己正在做的事情，除此之外实际上做不了什么，而且也不能选择去做其他的事情。如果我们还记得亚历山大的自由概念，即认为"自由"涉及做出其他选择的能力，那么很多古代人肯定已经看到这里有一个困难。普罗提诺用各种不同的方式表述过这个困难。他说人们可能担心理智是否自由（4.4 及以下）。这是因为，尽管做自己所做之事完全取决于理智，但是不做自己所做之事并不取决于理智。人们可能会争辩说，理智就其本性而论只能做自己所做之事（4.23 及以下）。对此，普罗提诺提出了反驳：理智和理智的本性并非两种不同的东西，所以是理智的本性决定或者说确定了理智必须做的事情，然后理智去付诸行动。对普罗提诺来说——在这方面他继承了亚里士多德的观点——非物质对象的本质或本性就等同于对象本身。所以我们就不能说，理智是因其本性而被迫去做出它的行动，因为理智就是其自身的本性。但是这里很明显，普罗提诺的论证主旨是与我们这些现代人的预期相反的。理智之所以是无条件自由的，恰恰是因为它没有任何机会以其他方式行动，没有机会做出其他选择，甚至无法受到做出其他选择的诱惑。普罗提诺声称（4.20-23），所谓有不同的想法，也就是认为，受奴役的糟糕之处就在于一个人没有自由去做坏事，或是没有自由去做自己毫无兴趣的事情。恰恰相反，受奴役的糟糕之处在于一个人没有能力（exousia）去追求自己的善。奴隶反而被认为要去追求别人的善。但是，理智能够自由地去做的，恰好就是它们有兴趣去做的事，是它们热切地想要做的事，是令它们乐在其中的事。理智不是因为受到其他任何事物或其他任何人的强制而这样做。如果是这样的话，它们有什么不自由呢？

与此相比，理智所具有的这种自由表明了灵魂的自由是脆弱的，因为即使灵魂具有美德，它也会不断受到身体的诱惑而采取不同的行动，它可能会选择不同的行动，并且能够采取不同的行动。人类自由的限度在如下事实中明显可见：只要我们不具有美德，即使我们努力追求属于自己的善（美德和智慧），我们或者灵魂也会不断地采取不同的行动。亚历山大已经表明，自由和值得赞扬之处（merit）主要在于尚未充分具有美德，但仍在努力获得美德的状态（见本书第100页）。但是普罗提诺论证说，努力追求一个人尚未具备或者所缺乏的善，恰恰是缺乏自由、无法自我决定的另一个标志。对于普罗提诺而言，自由倒不如被看成是那种稳妥地拥有自己意愿和想要的事物并能够加以控制的东西。不管怎样，至此我们充分地看到，为什么普罗提诺认为理智是绝对自由的，而灵魂只有在以下意义上才是自由的：作为一种高度脆弱和有限的东西，它已经变得与本身就具有自由的理智相类似。[15] 最终，我们看到，具有肉身的人类只有在其灵魂是自由的时候才是自由的，但是灵魂在世界上行动的自由是

---

[15] 弗雷德的原文是："灵魂已经被理智化，但其自由是一种高度脆弱和受限的自由。"我做了修改。

高度受限的，因此"自由"这个词似乎很难算得上是对它的恰当表达。

有了以上论述，我们最终得以转向对神的讨论。人们通常认为，犹太人和基督徒是一神论者，而异教徒是多神论者。我倾向于认为，在古代晚期，几乎所有的哲学家都是一神论者。[16]他们区分了神（*ho theos*，最高的神或上帝）与众神（gods），后者是比人类更优越的存在，因其良善而享有永恒的神恩，或者也可以说——比如在斯多亚主义那里——在下一场世界大火来临之前享有永恒的神恩。如果你不喜欢"众神"（gods）这个词，那么，按照波斐利的说法，不妨将它们称为"天使"（angels）。[17]普罗提诺在其著作的开篇就非常明确地做出了同样的区分（对照1.4与1.6，以及1.18-19）。众神就是理智（intellects）。它们确实享有蒙受永恒神恩的生活，但它们绝不会梦想自己是最高神。人们有时认为，即使希腊哲学家确实相信存在着他们称为"神"（或者"最高神"）的那个东西，这也只是一个抽象原则，而不是一个具有人格的最高神。现在，千真万确的是，普罗提诺以及与之相近的柏拉图主义者所说的"最高神"就是一个极度抽象的原理。不过"抽象"（abstract）似乎不是一个很恰当的词，

---

[16] 参见 Frede, "Monotheism and Pagan Philosophy in Later Antiquity," in M. Frede and P. Athanassiadi, eds., *Pagan Monotheism in Late Antiquity* (Oxford, 2006), 41-69。

[17] *Against the Christians*, fr. 76 Harnack.

因为它依然暗示，最高神是某种人们可以加以抽象的存在。"超验的"（transcendent）这个词反而比较恰当。不过我们很容易理解人们为什么会觉得，他们的最高神不是一个人格化的神。柏拉图主义者确实提到了这个一切存在之物的超验原理，但是一般来说，他们坚决拒绝谈论这个原理。其中的理由非常简单，而且很容易为基督徒——尤其是那些献身于灵性生活的基督徒——所理解。关于最高神的任何言说几乎都不可能是真的，因为神是一切真理的来源和根基，存在于一切真理之前。因此，保持沉默才是恰当的态度。所以，普罗提诺在其著作（11.1-2）中提出"这个原理是什么"这一问题后，又追问道："还是说，我们应该沉默，然后走开？"

在《九章集》VI.8，普罗提诺唯一一次系统且详尽地打破了这种沉默。我们突然间就面对一位最高的神，没有人能否认他具有人格——当然肯定也不能说最高的神就是一个人。普罗提诺为什么打破这种沉默？其中一个理由在于，柏拉图主义者为一个很深的结构性困难所困扰，这一点我之前提到过，那就是一切事情都被认为要按照一个终极原理来理解，但是既然这个原理是终极的，那它本身就超越了智性的理解，超越了真理。但是如果我们想理解自由，那么我们就必须理解理智的自由，从而也就必须去理解如下问题：其他的一切自由如何从这个第一原理当中产生？因此，我们非常清楚自己是在误用语言，同时又不得不求助于语言。问题并不在于我们的语言有什么不足，也不在于我们用这种语言表达的对象于我们那贫瘠的话语而言过于高深——我们毕竟是为了谈论更为普通的对象才发展出这种话语。问题在于，没有任何语言是可以应用的，无论它从任何标准来看是多么理想。

这当然并不排除下面这个说法的可能性：我们根本就不该谈论最高的神，实际上也确实如此。同时也不排除下面这个说法的可能性：我们可以说，有一些东西，当它们被用来具体讨论最高神的时候，非常具有误导性。例如，我们可以认为下面这个说法是不敬神的：世界由这么多的树木、这么多的老虎、这么多的人类（诸如此类）构成，此外还有一位最高的神。在讨论最高神的自由时（7.11 及以下），普罗提诺从一开始就提到，有一种说法非常令人不安（ho tolmēros logos），即最高的神只是碰巧成为这个样子，而且，既然他就是这个样子，那他也就只能用这种方式来行动。换句话说，他是由于现在这个样子而被迫用这种方式来行动，而且他只是碰巧成为这个样子。

我们很容易看到，为什么普罗提诺——其实也包括柏拉图和亚里士多德以降的所有希腊哲学家——会觉得这种说法令人不安。寻求终极原理其实就是寻求这样一些原理：一切事物都能按照它们来加以理解和说明，这些原理本身却不要求任何进一步的说明。但是，在"令人不安的说法"中，我们得到的是以下假定：这个世界存在的方式源自一个最初的事实，而如果要对这个事实加以说明的话，前提就是我们能够认为，最高的神是偶然成为这个样子，因此世界也是偶然成为这个样子——而我们本来可能有一个不同的神，世界也可能是另一个样子。这个观点对普罗提诺而言显然十分可恨，但是至少与下面这个观点有共同之处——这也是基督徒经常归于他和类似的柏拉图主义者的观点：神之所以去做他必然要做的事情，是因为他的本性就在于这样行动。这想必与下面这个基督教观点形成了鲜明对比：上帝通过意志的自由行动而创造世界，因此世界是偶然的，而上帝自身是一个必然的存在。

在这里，我们发现普罗提诺猛烈地拒斥以下观点：最高的神不是自由的，因为他对自己是什么样子没有发言权，抑或是因为他的这个样子并非取决于他自己，同时因为，既然他就是这样的，那他也就是被迫做出这个行动。但是，如果我们考虑到那个令人不安的说法实际上是一个更特殊的主张，即"善"碰巧是神的本性，因而他只能做出好的行动，那么也许我们就会更清楚地理解这个主张的本质。[18] 但是，这一主张继续说道，最高的神对于自己"是善的"这件事情无能为力，因为最高神并非是通过做那些有助于获得美德或智慧的行动而变得良善，这并不是由他决定的。否则的话，我们就可以说，既然他是善的，那他的行动就是自由的，而不是必然的或被迫的，因为他的行动至少基于他之前的自由选择，也就是在他试着成为善的时候所做的选择。但最高的神并不是这样的。他的本性就是善。因此对于他的善或者创

---

[18] 7.12，13，15中的阴性分词指的是前面7.3中"善的本性（*physis*）"这个阴性名词词组。

造活动而言，并没有什么自由可言。

普罗提诺继续花费很多篇幅来破除这个令人不安的主张，例如他论证说，在最高神的层次上并不存在偶然的机遇，因为偶然的机遇已然预设了某种多样性和规律性，在此背景下，只有在我们生活的世界的层次上，一件事情才能被说成是偶然地存在或发生。他还论证说，在最高神的层次上不可能有必然性，因为必然性首先出现在必然真理的较低层次。当然，我们这里的兴趣在于，普罗提诺最终必须提出什么样的说法。

此前我已指出，在理智的问题上，普罗提诺在很大程度上依靠亚里士多德的论述。在亚里士多德看来，对人类个体而言，我们可以区分出以下三者：第一，一般而论的人类；第二，作为思考能力或潜能的理智，而我们既可以运用这种能力，也可以不予运用；第三，这种能力在实际思想中的运用。亚里士多德理论的一个关键要素在于，既然理智仅仅在于一个人可能从事思考的可能性，那么它其实只是作为一个实际的思想而存在。[19] 现在我们再来看普罗提诺所说的永恒的、无身体的、非物质性的理智，这里就不可能再有任何事物既具有理智，同时又区别于实际上存在的理智。既然这里没有任何事物具有这种理智，那么也就没有任何事物能够运用或不能运用这种能力。这些理智永远在进行思考。而既然理智只是作为思想存在，那么这些理智就都是思想。而且，既然它们是非物质性的，那么

---

[19] 参见 Aristotle, *De an.* 3.4。

它们就等同于其本性或本质。因此，就这些理智而言，一般而论的理智、理智的本性以及理智的活动都在思想当中彼此一致。不过我们依然可以做出某些形式上的区分。我们依然可以说，理智用其思考的方式来进行思考，因为用这种方式思考就是理智的本质所在。另一方面，我们可以否认下面这个主张：理智的本性迫使它用这种方式来思考，因此理智不是自由的，因为它的本性并不能像主人决定奴隶做什么一样，以同样的方式去决定理智必须做什么。

那么我们现在来讨论最高的神（God），由于最高的神是绝对单纯的，所以就连这个形式上的区分也消失了。在最高的神这里，我们不再能够区分——至少在形式上或概念上区分——最高神、他的本性以及他的活动。所以下面这个说法就没什么意义了：最高的神是因其本性而被迫地去做他所做的事情。即使在理智的层次上，这种说法也讲不通，对于最高神来说就更是如此。此外，"最高的神碰巧具有这个本性"这一说法也没有什么意义，因为它会预设我们能够将最高神和他碰巧具有的本性区分开来。但是我们也可以问：这如何能够阐明最高神的自由？而且更重要的是，如何能够阐明一般而论的自由？我们已经表明，从根本上说，最高的神不可能偶然地做出他所做之事——不可能通过碰巧成为他这样的存在，并且通过以他这种存在所自然采取的方式来行动。不管怎样，我们肯定不想说，最高的神是偶然地做这件事情而不是那件事情。我们也论证了，神不是必然用他这种方式来行动，也没有什么东西能够迫使他用这种方式来行动。我们肯定不能说是他的本性迫使他这样做。那么，如果一定要说点什么的话，除了说最高的神是因为自己的意愿才这样行动之外，还有什么其他的可能性呢？

所以，尽管以上说法实际上并不是真的，但是它在以下方面具有启发性。因为我们现在看到了自由的本质是什么——自由的本质就在于能够做某件事情，不是因为其他某个事物或某个人让我们去做这件事甚或让我们想做这件事，而是因为我们自己意愿去做或想做这件事。我们也看到，这种自由在不同层次上是如何采取不同的形式并逐渐减弱。这是因为，只要我们转而讨论理智，就会看到在理智与其本性之间至少存在一个形式上的区分。因此我们就可以说，正是理智的本性令其做出自己所做之事，也就是沉思真理。但是它们按其本性就是善的。它们的本性令其只能去做理智打算做的事情，也就是沉思真理。尽管如此，它们却是自由的，它们之所以去做自己所做之事，是因为它们自己意愿这样做，而且没有其他人或其他事物强迫它们这样做。实际上，它们有自由去做自己想做的事，这份自由是有保障的。

这时我们再来讨论灵魂，事情就不同了。因为变好、变得具有智慧和美德并不是灵魂的本性。灵魂必须获得一种智慧和美德的状态，由此能够出于自己的意愿去做出某些事情。而这个状态是没有保障的。这就是为什么灵魂能够做出不同的选择，能够采取不同的行动。这并不意味着一种更高程度的自由，反而意味着一种衰减的自由。对于具有肉身的人类来说，不仅其灵魂至多只具有这种衰减的自由，其肉身甚至都不具备任何自由。它受制于自然的必然性。因此，比如说，人类就与理智不同，他不能做自己想做的所有事情。

让我们再来看看最高的神的意志。我们不应该绝对地说，最高的神是自由的或者神意愿任何东西，因为这两种说法严格来说都不是真的。我们用它们来避开对最高神的一种误解，从而令我们的思维可以理解一个观点，即最高的神就是我们自由的来源。但是，假如我们真要这样说的话，也必须记住，在最高神这里，既然他是绝对单纯的，那么在神的本性和神的活动之间就没有区别。因此，如果我们说最高的神是因为意愿做其所做之事而这样做，那么我们也可以说，最高的神是因为意愿成为或想要成为这个样子而成为了这个样子。这个说法有一点道理，因为毕竟普罗提诺强调说，最高的神是美的（kalos）和为人所爱的（erasimos）——实际上，神就是爱，就是对其自身的爱（15.1-2）。因此，神当然想要成为他所是的那个样子。但是，我们也应该指出，在这个意愿和神所意愿的事物之间没有区别。这个区别仅仅存在于较低的层次，尤其是在灵魂以及具有肉身的人类那个层次——在这个层次上，意愿与成为某个样子或做出某个行动是完全可以分离开来的。我们可能意愿做某事却做不了。我们可能意愿成为某个样子却无法实现。[20]

---

[20] 不过我们需要注意，"在最高神那里并不存在意愿与行动的差别"这个主张有一个后果，它意味着，最高神的意愿本身就相当于一件事情得以完成。当我们说神是通过一个绝对的意志行为来做事情的时候，我们要说的就是这个意思，或者应该是这个意思；参见 Methodius, *De creatis* 15。

因此，如果我们确实是在谈论最高神的意愿，那么我们这里所说的，其实就是神圣意志的一项活动，理智之下的全部实在都开始于这项活动。这不是意志被迫做出的行动，而是自由的行动。因此下面这个说法不可能是真的："世界依赖于最高神的意志"是犹太教－基督教特有的观念。同样不可能为真的说法还有：在普罗提诺以及像他那样的柏拉图主义者看来，世界的存在及其总体特征都是最高神的本性的必然结果。这里我不得不补充说，普罗提诺在这个问题上的看法，对于任何通过研究柏拉图和亚里士多德来理解古希腊哲学的人来说，就像是一个巨大的惊喜。但是我们必须记住，普罗提诺是在亚里士多德去世大约590年后撰写这部论著的。

不过，A. H. 阿姆斯特朗（A. H. Armstrong）这位著名的普罗提诺研究者试图让我们相信，普罗提诺是在基督教的影响下写作的。[21] 阿姆斯特朗首先提出了以下主张：最高神的自由问题大概要到普罗提诺的时代才得到哲学家的严肃关注，而且"可能是由于同犹太教和基督教的接触"（第399页）而开始得到哲学家的关注。他进一步提出，"那个令人不安的主张"实际上来自一个信仰基督教的熟人向普罗提诺提出的异议，那人声称，按照普罗提诺的说法，创世是最高神的本性的必然结果。他认为是这个异议促使普罗提诺重新

---

[21] A. H. Armstrong, "Two Views of Freedom," *Studia Patristica* 18(1982): 397-406.

考虑了自己的观点。

我觉得很难相信这个说法。一个理由在于,普罗提诺所说的最高神自始至终都处于一个高于任何必然性的层次上。因此,普罗提诺绝对没有任何必要去认真对待这个批评。阿姆斯特朗自己后来承认其说法并未得到普遍接受。[22] 我之所以详细讨论这一点,是因为我们越发清楚地认识到:在这些问题上,几乎没有什么所谓"犹太教-基督教"的思想方式是犹太教-基督教特有的。我们首先想到的是法利赛派(Pharisaean)-基督教的身体复活学说。既然基督教是一个历史现象,那么有件事情就不足为奇了:其他几乎所有的东西在异教那里都有类似物。因此,我们应该抵制诱惑,不要认为那些显著的相似性——在我们慢慢意识到它们的时候——要么根本就不是相似性,要么就是来自基督教的影响。

不管怎样,我们已经看到,在普罗提诺的哲学中,有一些根深蒂固的理由令他认为,最高的神具有一个意志,而且该意志是自由的。此外,我们还在普罗提诺那里发现了一个观点,即我们的意志和自由都是仿照最高神的意志和自由的形象。普罗提诺整部著作的核心目的就在于表明这一点。

最后,在我看来,普罗提诺并没有犯某些错误,有些基督徒或许会渴望这样的错误。按照定义,最高神的意志是绝对的和无条件的。从神人同形同性论的观点来看,最高的神在意愿自己所意愿的事情时,没有任何东西可以用来为他

---

[22] 参见 *Plotinus*, trans. A. H. Armstrong, Loeb Classical Library, 7: 224。

确定方向。但是，现在似乎出现了这样一个基督教观念：我们的意志之所以仿照上帝的形象，恰恰是因为我们自由地做出了绝对的、无条件的选择，而且没有任何进一步的说明。这确实是一个可怕的错误。我们的自由必定就在于有自由做出某种恰当的选择——从最高神所意愿的世界呈现的样貌来看是恰当的。我们的选择受制于，或者更确切地说，应该受制于最高的神所创造的实在。最高神的意志之所以是无条件的，乃是因为没有任何先于最高神的实在能够支配乃至决定其选择。

我们还有一个理由来说明，为什么我们应该记得，"最高的神具有自由意志"这个说法严格来说并不是真的。但是，抛开这点不论，我们也不是最高的神。存在着一个我们生来就进入其中并不得不加以应对的现实，我们必须按照对它的理解来做出自己的选择。如果我们认为自己仅仅通过一种绝对的意愿行为就能意愿某件事物，那无异于骗自己，以为自己就是最高的神。

## 第九章

# 奥古斯丁：一种全新的自由意志概念？

一两代人之前，人们对奥古斯丁的印象远远不同于他在今天给人留下的，或者应该留下的印象。如果50年前甚至30年前的人们对古代哲学有所了解，那么他们多半研究了前苏格拉底哲学、柏拉图以及亚里士多德，喜欢阅读卢克莱修、西塞罗以及普鲁塔克之类的作者。如果人们进一步探究亚里士多德之后有哪些公认的杰出哲学家，然后（很有可能）看到奥古斯丁的名字，他们肯定会对此感到惊奇，因为奥古斯丁几乎在每一个具体问题上都有极为不同的见解。人们不禁假设，这样彻底的差异与奥古斯丁所信奉的基督教有很大关系——如果不是完全受此影响的话。所以我们也就不会对下面这一点感到惊奇：对中世纪哲学的论述通常从奥古斯丁开始，就好像他作为一位基督徒，基本上就已经是一位中世纪人物了。

事实上，奥古斯丁在很大程度上是一位古代人物。柏拉图和亚里士多德与奥古斯丁在观点上的差别，首先并不在于奥古斯丁信奉基督教，而是在于他属于古代晚期的哲学家。这一点即便是对奥古斯丁的宗教观点来说也是成立的，因为就连基督教本身在很大程度上也是古代晚期的一个现象。当然，众所周知，奥古斯丁在很大程度上受到了柏拉图主义的影响，就是我们在普罗提诺和波斐利那里发现的那种柏拉图主义。比如说，从他自己在《忏悔录》(VIII.2)所做的评论之中，就可以很清楚地看到这一点。但是，几十年前，人们对这种柏拉图主义以及对普罗提诺和波斐利的观点所知甚少。不管这种柏拉图主义对奥古斯丁的影响是直接的还是间接的，其程度仍然是不清楚的。

如今情况发生了变化，或者说至少应该发生了变化。关于对奥古斯丁产生了重要影响的那种柏拉图主义，我们现在开始有了更好的理解。我们也对斯多亚主义有了更好的理解，尽管人们仍然没有充分认识到，它对奥古斯丁的全面影响达到了何种程度。至于这种斯多亚主义是通过什么渠道传到奥古斯丁那里的，我们就完全不清楚了。当然，它在很大程度上来自西塞罗。尽管西塞罗是一位学园派怀疑论者，但他信奉斐洛式（Philonean）的怀疑论，后者允许有限度地采纳哲学的观点。这些学说在很大程度上都是斯多亚式的，或者说受到了斯多亚主义的启发。[1]

在奥古斯丁的时代，对西方人来说，特别是对一位职业修辞学家来说（奥古斯丁早年以此为业），对西塞罗的研究恐怕是一切高等教育的最重要部分。但是在这个背景下，我们也应该记得，在奥古斯丁的时代，柏拉图主义已经吸收

---

[1] 关于西塞罗和斐洛，参见 Cicero and Philo，见 C. Brittain, *Philo of Larissa*（Oxford, 2001）。

了大量斯多亚主义的思想。这两个学派之间的根本分界线在于，柏拉图主义者相信存在着一个超验的最高神以及一个非物质性的实在领域，相反，斯多亚主义者则相信一个本来就具有神性的、纯粹物质性的实在。只要不触犯这条界线，一个柏拉图主义者就可以从斯多亚主义那里借用几乎所有的东西。正因如此，波斐利（*VP* 17）才会谈到一位名叫特利弗（Trypho）的哲学家，称之为一位斯多亚主义者和柏拉图主义者。斯多亚学派对奥古斯丁的多数影响都有其柏拉图主义的思想来源。最终，在安布罗斯（Ambrose）的米兰圈子里，奥古斯丁开始熟悉柏拉图主义，而安布罗斯本人似乎也受到了斯多亚主义，尤其是斯多亚伦理学的很大影响。[2]

奥古斯丁受到柏拉图主义和斯多亚主义的重要影响，除此之外我们仍须记得，他当时融入了一个有两百多年历史的传统，该传统是对基督教信念的系统整理，尽管它在很大程度上也受到柏拉图主义和斯多亚主义的影响，但是当时也在壮大自己的势力。此处重要的是要记住，奥古斯丁在辛普利齐亚努斯（Simplicianus）的建议下从事对马里乌斯·维克多里努斯（Marius Victorinus）的研究。辛普利齐亚努斯是一位具有柏拉图主义倾向的牧师，他为安布罗斯施洗，后来自己成为米兰主教。[3] 维克多里努斯则已是一位非常成功

---

[2] 安布罗斯的斯多亚主义最明显地出现在其《论责任》（*De offciis*）一书中，这部著作受到了西塞罗同名著作的很大影响；见 Ambrose, *De offciis*, ed. I. F. Davidson(Oxford, 2001)。

[3] 参见 *Conf.* VIII. 2。

的修辞学家,后来皈依了基督教。他翻译了亚里士多德的逻辑著作,好像也翻译了普罗提诺和波斐利的一些论著,可能包括那部对奥古斯丁产生了重要影响的《柏拉图学派论著集》(*Platonici libri*)。[4] 他也撰写了一些论述三位一体的论著,以及注释性的作品——所有这些著作显然都是针对保罗的《书信集》(*Epistles*)所作。奥古斯丁也渴望追随他的脚步(见《忏悔录》VIII.5.10)。

对于奥古斯丁的一般思想来说是正确的东西,对于他有关意志的思考来说也是成立的。他对意志的看法完全是斯多亚式的,却包嵌在一个柏拉图主义的世界观念之中。他的看法也是在回应一个现在看来非常重要的、与意志问题有关的基督教思想传统,而且在我看来尤其是在回应维克多里努斯的思想。因此,从一开始我们就应该对下面这种主张保持高度警惕:奥古斯丁开启了一个全新的意志概念,而这个概念是由犹太教-基督教有关上帝和世界的思想传统所激发的。毕竟,我们不应忘记,自殉道者游斯丁的时代以来,或者至少自奥利金的时代以来,就产生了大量有关这个问题的基督教思想。而且,鉴于奥利金起初生活在亚历山大港,尤其是他后来又定居凯撒利亚,所以犹太教对他来说就是一种强有力的、活生生的实在。他不仅对之产生了积极的兴趣,而且也怀有一定程度的尊重,我怀疑奥古斯丁那里可能缺少这一点。不管怎样,我们应该感到好奇的是,好几代相当杰

---

[4] 参见 P. Hadot, *Marius Victorinus* (Paris, 1971)。

出的基督教作者竟然错失了犹太教－基督教思想的一个与众不同的特点，而且还是关于他们如此看重的问题。不过既然奥古斯丁很有原创性，那么我们或许可以期待，他会对意志提出一些新的说法——不过，他所要提出的说法只是在一个更恰当的范围内、在一个不断演化的基督教立场的限制下才是新的。我们已经考察了奥利金的观点，因此毫不奇怪，鉴于奥古斯丁所属的传统，在他的见解和奥利金的见解之间就存在显著的相似性。不过也有一些差别值得我们留心。因此在我看来，最好的方式是聚焦于这些相似性和差别，看看这些差别是从哪里产生的。

我将论证如下结论：这些差别在很大程度上来自一个事实，即奥古斯丁比奥利金更接近斯多亚学派的自由概念。但是，我想即刻先提出一个论证来为上述构想做铺垫，我认为这个论证对于下面这个主张来说是关键性的，即奥古斯丁的意志概念根本上不同于我们在希腊哲学中所发现的任何概念。

这个论证是这样的：在希腊哲学中，意图（intention）或意愿（willing）被认为是作为认知的结果或副产品而出现在认知过程之前或之后。我们很容易看到这是什么意思。在本书第二章中我已经论证说，柏拉图和亚里士多德并不具有一个意志的概念，因为对他们来说，意愿或者说来自理性的欲望，是一个人的认知状态的直接结果：一旦一个人把某个东西看作是好的，他就会对那个东西产生意愿。当然，下面这个说法也是成立的：根据柏拉图、亚里士多德以及斯多亚学派的观点，一个人自然地意愿具有或想要具有认知或知识。因此，我们的生活看来是围绕着我们的认知状态并依赖于后者。

奥古斯丁的观点与上述见解的所谓差别就在于，一般认为，他将意愿（willing）与认知分开了——不是将意愿变成认知的一个直接功能，反而是将意愿本身变成认知所涉及的一个关键因素。甚至每一个知觉活动都会涉及奥古斯丁所说的意志（will）。迪勒明确地将斯多亚主义和柏拉图主义的心理学与奥古斯丁的"新"心理学加以对比。对于前者来说，"意志的要素出现在理智的感知活动之前和之后。……而按照奥古斯丁的观点，意志实际上参与了认知活动，而且绝不限于最初的和后续的活动"。[5]迪勒还指出，在这一点上他非常正确，奥古斯丁不仅认识到意志和信仰之间存在着强有力的联系，而且还反复强调说，在你能够理解之前，你必须首先相信信仰（第129页）。这肯定不是我们在柏拉图或亚里士多德那里所发现的意志概念，也不是我们在漫步学派或大多数柏拉图主义者那里所发现的意志概念。但是事实

---

[5] A. Dihle, *The Theory of Will in Classical Antiquity* (Berkeley, Calif., 1982), 126. 高蒂耶（Gauthier）的看法与迪勒相反但和弗雷德一致，他论证说，奥古斯丁的意志概念在斯多亚学派那里就已经呈现得很完备了。参见 R. A. Gauthier, introduction to *Aristote: l'ethique à Nicomache* I, 2d ed.(Louvain, Begium, 1970), 1: 259。我对这一点的了解来自以下文献：C. H. Kahn, "Discovering the Will: From Aristotle to Augustine," in J. M. Dillon and A. A. Long, eds., *The Question of "Eclecticism": Studies in Later Greek Philosophy* (Berkeley, Calif., 1988), 238。

上，它恰恰就是我们在爱比克泰德那里所发现的那个更加复杂的意志概念的一个版本，奥利金已经在使用这个概念，而奥古斯丁不过是更加充分地发掘了其中的可能性。

我们现在来简要地回顾一下之前做出的一个区分：一个是不太复杂的意志概念的版本，另一个则是我们实际上在爱比克泰德那里发现的那个更完整、更复杂的版本。那个不太复杂的版本主要为漫步学派和柏拉图主义者所采纳，按照这个版本，我们的意志只对我们的某些选择和决定负责，也就是那些构成意愿活动——一个人要去做某事的意愿——的选择和决定。但是，按照那个更复杂的概念，意志要对我们有关印象所做出的一切选择和决定负责。因此意志也对我们下面这种选择负责，即选择赞同一个非促发性的日常印象，例如"2+2=4"。这种赞同所构成的并不是意愿，而是相信（believing）。这个区分，即意志所负责的不同类型的选择之间的区分在以下考虑中也是关键的。我们已经看到，对于这个意志学说来说，重要之处在于，严格来说你无法选择穿过马路，而只能意愿穿过马路，因为你能否最终穿过马路，从根本上说并不是你能够完全控制的。与此相对，你可以选择赞同一个非促发性的日常印象，由此你可以选择相信某事，因为从根本上说，你是否赞同某个印象完全由你控制。因此，你可以选择相信某事，但不能意愿相信某事，因为意愿就在于意愿做某事。不过，最后这个区分在奥古斯丁那里消失了，因为他同时用"velle"这个词来表示意愿（willing）和选择（choosing）。

鉴于我们刚才所说的，现在我们就应该清楚地看到，对于像爱比克泰德这样的晚期斯多亚学派成员来说，每一个认知活动都和意志有重要关联。毕竟，标准的斯多亚主义认为，就连知觉（aisthēsis）也涉及对某个知觉印像予以赞同。对感知而言成立的，对于一切认知（katalēpseis）也成立——认知是由对某个认知印像（phantasia katalēptikē）的赞同构成的；[6] 事实上这对于一切信念来说也成立，无论它们是不是感知的，是不是认知的，是不是真的。它们都涉及赞同，因此也都涉及是否予以赞同的选择，也就涉及倾向于选择予以赞同的意志。

出于上述原因，斯多亚学派产生下面这个想法也就没有什么困难了：即使一个人对一件事情缺乏认识，或者并未理解这件事情产生的原因，他依然可以选择相信它。他们相信神谕和占卜，并因此认为，你应该选择相信神给你的谕示，即使你没有独立的办法来证实它是不是真的，即使你更无从理解事情为什么就是神告诉你的那样。因此，斯多亚式的意志概念有充分的空间来容纳一个观点，即一个人可以单凭信任或信仰而选择相信某事。所以就此而论，奥古斯丁的意志概念，即意志对于任何认知活动来说都是关键的东西，也不是什么新东西。它就是斯多亚学派的意志概念。而且顺便提一下，你是能一直坚持自己的信念还是很容易就会放弃，你会不会很快、很轻易地接受你一度不能持有的信念，上面这个斯多亚式的概念被认为也能为此提供说明。

---

[6] 关于相关证据和讨论，见 SVF 2.70、74 和 90 以及 LS chap. 40。

我们已经澄清了一个事实,即奥古斯丁的意志概念正是斯多亚学派的意志概念(这个概念更为复杂)的一个版本。现在,让我们更系统地考察一下他关于自由和自由意志的学说。奥古斯丁于388年至395年分两个阶段撰写了他的早期著作《论意志的自由决断》(*De libero arbitrio voluntatis*),我们可以从中得到他对此所做的最详细也最系统的解释。[7]这部论著在某种意义上也是对奥古斯丁观点的权威解说。当奥古斯丁在临终前回顾自己在后人称为《再思录》(*Retractationes*)的著作中所写的观点时,详细谈到了《论意志的自由决断》并强调该书仍然充分地表达了自己的观点,虽然在某些地方他现在会选择一种不同的表述。在《再思录》(2)中我们也了解到,正如我们可能已经从《论意志的自由决断》(I.10)当中看到的,这部论著将矛头直指摩尼教徒,他们将恶的根源归于上帝,归于造物主——他用这种方式来创造我们,以至于我们由于具有一个依赖于身体的灵魂而不能不作恶。[8]

尤其引人注目的是,奥古斯丁的文学作品是如此具有

---

[7] III.200. 这里指的是如下文献中由 G. M. Green 所编辑的版本:*Corpus Scriptorum Ecclesiasticorum Latinorum* (Vienna, 1956), vol. 74, sect. VI, pt. III。近来的相关研究参见 S. Harrison, *Augustine's Way into the Will: The Theological and Philosophical Significance of* De Libero Arbitrio(Oxford, 2006)。

[8] 我们不难明白奥古斯丁关心摩尼教的理由。该教派于公元3世纪晚期兴起后不久,就在北非迅速扩张开来,而奥古斯丁本人在北非受到摩尼教的吸引长达八年之久。《论意志的自由决断》是他在最终拒斥摩尼教几年后撰写的。在改变信仰后,他怀着一种报复心转而反对摩尼教徒。到了他最终完成《论意志的自由决断》的时候,他已经写了两篇论著来反驳他从前的弟兄,此后还写了更多。

论战性，其矛头直指分裂者或异教徒。奥古斯丁在世的大约最后二十年里，一种异端邪说日益引起他的关注，这就是贝拉基教派的学说（Pelagianism）。贝拉基教派究竟传播了什么学说，这是一个学术上很有争议的问题。[9] 奥古斯丁和大多数古代晚期的作者一样，并不是特别想要公正地对待自己的对手。在《再思录》中，他将摩尼教徒描述得就好像他们都相信存在着一个邪恶的造物主，就像诺斯替主义的造物主那样。而事实上，摩尼教的造物主尽管并非全能，但依然是善的。他所面对的是一种黑暗力量，而且他试图通过创造来释放我们内心深处的光明和良善。奥古斯丁对贝拉基教派的描述也是一样，说得就好像他们都相信，我们的意志是如此自由，以至于根本没有神恩存在的空间（《再思录》3）。但是其实很明显，贝拉基教派只是强调人具有获得好生活的能力，能够做出值得赞扬的事并因此而值得过上好的生活，他们并没有完全否认我们需要神恩。所以我们需要争论的问题反而是，既然奥古斯丁强调处处都需要神恩，那么与他相比，贝拉基教派是否为人类为了获得好生活所能以及所需做出的努力留下了更多的空间。

有人可能会认为，这场争论会导致奥古斯丁的自由意志学说发生进一步演化。但是在《再思录》(3-6)中，他详细解释说，《论意志的自由决断》至少已经含蓄地——如果不是明确地——包含了他对贝拉基教派的回应。因此，根据

---

[9] 参见 J. Ferguson, *Pelagius. A Historical and Theological Study* (Cambridge, 1956)。

他对这个问题的看法,我们没有必要改变他对自由意志问题所持有的立场。需要做的是提出一个关于神恩及其与自由之关系的系统学说。虽然不得不说,《论意志的自由决断》并不像人们所期待的那样,提供了一个关于神恩——奥古斯丁所设想的神恩——的清晰看法。其中的部分原因大概在于,奥古斯丁在早期阶段还没有对这些问题进行充分的思考。

假如我们将奥古斯丁对自由和自由意志的思考主要看作对摩尼教的回应,在某种意义上正如我们把奥利金的自由意志学说看作对诺斯替主义和星体决定论的回应,那么或许就可以最好地理解奥古斯丁在这方面的思想。[10] 他们两人都以一个无可争议的事实作为起点,即我们生来就具有某种天赋或天资,而且是出生在似乎使多数人——如果不是所有人的话——都无法过上好生活的环境里。奥利金和奥古斯丁发现,他们所面对的那些学说对这个事态提出的解释,都是让世界的创造者或统治者(一个或多个统治者)在根本上对我们的过错负责。他们都认为这个观点不符合造物主的良善而加以拒斥,并且依靠某种自由和自由意志学说来拒斥这个观点,与此同时他们都认为,人是由于自身的选择和行动而陷入自己所处的困境。但是他们在以下问题上产生了分歧:用何种具体方式来分析我们所处的状况?我们是如何进入这种状况的?以及我们如何能够摆脱这种状况?不过在这里,在

---

[10] 主要差别在于,在奥古斯丁这里,由于他早期与摩尼教的牵连及其说服人们(例如他的恩主罗马尼亚努斯[Romanianus])皈依摩尼教的尝试,这个论题变得更为紧迫。

当前这个分析之中，我们依然看到二人之间存在着明显的一致。

我们可以从对于自身状况的认识入手。奥古斯丁对这种情况的描绘比奥利金的描绘要阴暗得多。奥利金认为，我们发现抵抗罪恶过于困难，以至于连下面这个观点似乎都有了一些道理，即或许我们多数人终究不可能不犯罪，从而终究无法获得好生活。而奥古斯丁眼中的图景在于，世界充斥着恶，不只是充斥着不道德的行为，也充斥着令人痛苦的坏事。还不仅仅如此。灾难以洪水、干旱、虫害、战争、饥荒以及个人不幸等形式将我们淹没。它们似乎既袭击有罪者，也袭击无辜者。不管怎样，在一个人的所作所为和落到他头上的恶事之间，并不存在明显的联系。对婴儿来说这一点最为明白。此后的一百多年里，新生儿的命运将得到特别的关注，他们肯定未曾做过什么令其理应遭受此种悲惨与不幸的坏事，但他们却经常遭遇悲惨与不幸的命运。《论意志的自由决断》所要正式予以确定的，就是我们生而蒙受的这种恶的根源与来源所在。在I.77，奥古斯丁娓娓道来，描述了我们所有人在此生中是如何不断被恐惧和欲望撕裂和驱使，而正是这两种情绪令我们的生活落入悲惨的境地。的确，我们很难看到，一个人如何在这种状况下还能过上令人满意的好生活。

我们听到下面这一观点的时候，并不会感到惊讶——奥古斯丁和奥利金一样，都认为应受责备的不是上帝，而是我们自己，因为正是我们通过自己的行动及选择、通过自己的自由选择而招致这种状况。自由和自由意志的学说就是这样引入的。但是这里还有两个差别。我们此前注意到,在奥利金那里,理智犯错是由于粗心。但是这些似乎都是可以纠正的小过失,只有累积起来才会导致严重的后果。而且,尽管这些后果实际上很严重,但是对于人类灵魂而言,它们并未像在奥古斯丁那里一样蒙上如此阴郁和压抑的色彩。因此,奥古斯丁令他自己,也令我们做好准备来接受一个观点:我们必定是做下了极其糟糕的事情,所以才活该度过如此悲惨的一生。这里还有一个差别:在奥利金那里,我们所有人,我们当中的每一个成员在什么意义上要对自身的处境负责,这是完全清楚的。因为我们这些生活于物理世界当中的存在,都是堕落的理智。然而,我们并没有堕落到十恶不赦的地步,而只是应该接受这种矫正性的惩罚。在奥古斯丁那里,有一个问题却不是很清楚,即究竟是谁做了什么,以至于我们所有人都要遭受这种惩罚?

个中原因就在于,奥古斯丁在灵魂来源的问题上碰到了那个众所周知的困难,而他似乎觉得自己在余生中都无法完全令人满意地消除这个困难。他考虑了四种可能性。[11] 第一种是,理性灵魂是先于我们在尘世的存在而存在的,但是由于罪而堕落,最终变成一个依附于身体的灵魂。第二种可能是,理性灵魂预先存在,被派来照顾身体,但在履行这项

---

[11] III.198-202. 奥古斯丁在很晚的时候才强调他对灵魂的起源一无所知,关于这一点,见《再思录》1.1.3。感谢詹姆斯·奥多奈尔向我指出这一点。

使命的过程中变得有罪。第三种可能性是，每个灵魂都是上帝特别创造出来的，以便赋予由父母彼此结合而产生的身体。第四种是，灵魂本身就是由性生殖来传输的。最后这个观点，即所谓的"灵魂遗传论"（traducianism），尽管并非不同寻常，却很不令人满意，因为它根本上涉及"灵魂是身体的一项功能"这一假定。这或许能解释无理性的灵魂，但无法说明理性的灵魂，因为至少柏拉图主义者和奥古斯丁都对理性灵魂采取了一种二元论观点。

奥康奈尔（O'Connell）已经相当宽泛地论证说，第一个观点是奥古斯丁所偏爱的见解，至少在他撰写《论意志的自由决断》的时候是这样。[12] 这个观点可能已经被普罗提诺看作一种可能性（《九章集》IV.8.4）。若不考虑理智（intellects）和理性灵魂（rational souls）之间的微妙差别，这也同样是奥利金的观点。但是，即使在《论意志的自由决断》之中，或者在后来的著作里，奥古斯丁也并没有坚定地承诺这个观点。事实上，他在一些地方似乎还明确拒绝了"灵魂预先存在"这一假定。但是，一旦我们拒绝了前两个选项，就会面临一个困难，即如下说法实际上不可能是真的：降生于这个充满苦难的世界，是我们自讨苦吃。因为如果我们在出生之前甚至不是作为理性灵魂而存在，那我们又怎么可能犯下严重的错误，以至于生来就该遭受这种痛苦？

---

[12] 弗雷德的文稿写的是 O'Donnell，我将这个名字改为 O'Connell，指的是如下著作：R. J. O'Connell, *The Origin of Soul in St. Augustine's Later Works*（New York, 1987）。感谢詹姆斯·奥多奈尔帮我纠正这一点。

在这种情况下，让我们陷入自身处境的可怕行为不可能是由我们个别地做出的。因此它必定有点像亚当的原罪。但是，这引出了一个问题：为什么我们应该对亚当所做的事情负责并因此而遭受痛苦？

不论是在东方还是西方，这个问题都有不止一个答案。这些答案都要求发展出恰当的形而上学理论，以及某些极其不同的、并非我们惯用的个体概念。正是这种理论后来在西方引发了实在论与唯名论之争。[13] 其核心观点可以简要地概述为：人或人类是一种真实的东西，我们是其中的一部分，正如一个事物是某个集体的一部分，例如一个士兵是一支部队的一部分。我们假设上帝并没有创造某个特定的人（亚当），而是创造了人或人类，正如上帝并没有变成某个具体的人，而是变成一般而言的人（Man）或人类。不过人类只是作为各部分的集合体而存在，例如亚当或耶稣等等。所以上帝在创造人的时候其实是创造了这样一个集合体，或者说集体。当亚当犯下罪错时，犯罪的正是这个集体，即整个人类。因此，要对这项罪错负责的就是整个人类。不用说，提出这样一个理论需要做大量工作。

但是，不管有什么样的困难，奥古斯丁愈发倾向于相

---

[13] 关于这个争论所关涉的内容，我们可以举个例子："人"究竟是指一个独立于具体个体或心灵的、实存的普遍或共同本质（实在论）？还是指一个一般的术语或概念，不具有外在的关联物（唯名论）？对这个争论的详细论述，参见 N. Kretzmann, A. Kenny, and J. Pinborg, eds., *The Cambridge History of Later Medieval Philosophy* (Cambridge, 1982)。

信，我们要为之负责的那个可怕行为，并不是我们每个人实际上做过的事。他之所以采取这个观点，大概是受到了保罗《罗马书》（5∶12及以下）的影响，按照保罗在其中提出的说法，罪是通过一个人而进入这个世界的。

在《论意志的自由决断》中，奥古斯丁还有一处摇摆不定的地方。在整部论著中，他都倾向于认为，无论我们是个别地对那个可怕行为负责，还是整个集体都对它负责，该行为都是由一个既有智慧又有美德的理性存在者做出的。我们很容易明白他为什么倾向于这样认为。如果上帝在创造我们的时候令我们处于一种缺乏知识和美德的状态，那么就不奇怪我们会困惑并犯错。但是这样一来，出于同样的理由，我们也就很难理解为什么上帝在创造我们的时候不让我们对这个世界和善有基本的理解。而且，如果我们被创造出来的时候就处于缺乏知识和美德的状态之中，那就很难明白那个糟糕的行为究竟有什么可怕的。上帝还会期待什么呢？是什么令这样一个行为糟糕到这个地步，以至于人类具有智慧和美德就是为了不再犯错？（参见I.79-81）这一段听起来又很像奥利金，因为他假设可见的理智在被创造出来的时候就具有智慧和美德，从而足以避免堕落。但是，在当前的语境中（I.81），奥古斯丁暗示说，我们之所以处于目前的状况，也许是因为，作为预先存在的理性灵魂，我们自己选择了抛弃美德这一安全保障（*arx virtutis*），令我们自己屈从于身体欲望的奴役——就是在这里，奥古斯丁推进了一步，这一步在他自己和奥利金之间打开了，或者更确切地说，显明了一个巨大的缺口。

在这里，奥古斯丁借助斯多亚学派的划分，将人类分为两类：一类有智慧、有美德并且是自由的，另一类则是愚蠢的、邪恶的和不自由的。我们一度是有智慧、有美德和自由的，如今却是愚蠢的、邪恶的、受到奴役的。但是这个说法不可能完全正确，因为尽管斯多亚学派认为我们如今确实是愚蠢的、邪恶的且受到奴役的，但是其实我们在过去也从来不曾具有智慧、美德和自由。不仅如此，按照斯多亚学派的标准理论，只要你解放自己并由此而变得具有智慧、美德和自由，你自己就绝不会放弃这种自由。出于这个原因，我已经论证说，奥利金赋予他所说的理智的那种智慧和美德，归根结底是一种从来都不完美——尽管可以改进——的智慧和美德。这就是理智会发生堕落的原因。因此，奥利金所设想的理智在其最初状态所具有的智慧、美德和自由，并不是斯多亚学派所说的有智慧者所具有的那种智慧、美德和自由。毋宁说，奥利金所说的那种初始状态的自由，就是斯多亚学派设想我们在具有智慧之前就已经具有的那种自由——假若我们在获得意志的过程中还没有奴役自己的话。类似地，我已经论证，奥利金并不相信，理智的任何过失都会立即将它们变为愚蠢的和邪恶的存在者，使它们完全失去自由。毕竟，我们不想说一个天使是愚蠢的、邪恶的、完全受到奴役的，即使他已经堕落到某个较低的等级。但是，奥古斯丁在《论意志的自由决断》第一卷中借用、并且在全部三卷当中反复出现的，恰恰就是斯多亚学派在智慧和愚蠢之间做出的这个现成的对比。

出于某些明显的原因，这条思考路线令奥古斯丁在第三卷中（第240页及以下）陷入了巨大的困难，在那里，他试图说明那个糟糕的罪错究竟是如何发生的。他考虑的不只是一个可能性，即最初状态下的人在强的意义上是有智慧的（正是这个强意义产生了各种困难，他自己也看到了这一点）；而是同时考虑了如下可能性：最初状态下的人就像斯多亚学派所说的孩童，既非愚蠢，也尚未具有智慧，但是能够最终获得智慧。因此，奥古斯丁至少打算用一个比较弱的对比（不过仍然是受到斯多亚学派的启发）来取代斯多亚学派的那个现成对比，也就是，用尚未被奴役但实际上也尚未具有智慧和美德的人与愚蠢的、邪恶的和受奴役的人之间的对比，来取代有智慧、有美德和自由的人与愚蠢的、邪恶的和不自由的人之间的对比。

奥古斯丁坚持采取第二组对比。在他看来——斯多亚学派也有相同看法，这个糟糕行为的代价就是我们的全部自由（*libertas*）。我们如今受制于自己的性冲动和不恰当的情感依恋。而且正如斯多亚主义所主张的，如果没有美德、智慧和自由，我们的行动就不可能是正确的。即使我们做出了正确的行动，也是至少部分地出于错误的动机。只有当我们获得解放，我们才会重新获得这种自由，才能正确地行动并出于正确的动机来做正确的事（II.43）。

所以，按照奥古斯丁的说法，我们在目前的状态下是不自由的。我们并不在以下意义上具有一个自由意志，即我们有一个实际上自由地进行选择的意志。令人遗憾的是，在《论意志的自由决断》中，这个观点由于以下三个事实而变得有点模糊。首先，这部论著并不关心要如何解释我们所犯下的每一项罪错，而是要恰当地描绘和说明我们——集体地或个别地——犯下的那项原罪，后者才是我们生来具有的一切恶，包括我们无法免于罪错这一事实的根源。对奥古斯丁的观点来说，关键的是，我们是出于自己的自由选择而犯下那项原罪。当然，这并不意味着我们的一切罪错都取决于我们的自由选择。并非如此。除了原罪之外，我们的罪错都来自我们那已经受到奴役的意志所做的选择。如果说神不为这项罪错负责，那是因为我们通过我们的第一项罪错而奴役了自己，因此，即使我们现在除了罪错之外别无选择，那也是我们通过自己的原罪而招致的。

其次，虽然奥古斯丁并不否认我们目前是自由的，但他使用了一个非常令人困惑的说法来表明我们仍然要对自己所做的事情负责这一事实。他的说法似乎表明，即使在堕落之后，我们所做的选择和决定也是在行使我们的自由决断（*liberum arbitrium*）。而这只能令人产生一个印象：即使在堕落之后，我们仍然保有一个自由意志。但其实并非如此。对奥古斯丁来说，具有自由（*libertas*），从而具有自由意志是一回事，具有自由决断则是另一回事（参见 *CD* I.25）。奥古斯丁用"自由决断"来表示"取决于我们"，表示是否予以赞同全由我们掌控，表示是否要选择用某种方式行动都由我们决定。这就是说，奥古斯丁的"自由决断"概念相当于斯多亚学派所说的某事"取决于我们"（*eph' hēmin*）这一概念。就像在斯多亚主义那里一样，对奥古斯丁来说，即使我们奴役自己，那也并不意味着我们的选择不再取决于我们。因此，我们继续对所做的事情负责并因此应受责备，哪怕我们的选择如今不再是自由的，而是被迫的。与此相对，我们最初的那个错误选择不是被迫的（*non cogitur*，II.200），而是"自愿的"，因此应受惩罚。

第三，如果我们并未看到奥古斯丁观点背后的斯多亚主义思想，那么我们很可能就会有这样一个错误假设：在奥古斯丁看来，我们的意志甚至在堕落的状态下也是自由的。我们之所以可能会做出这个假设，是因为奥古斯丁反复表明，我们的意志是我们所能支配的，实际上，没有什么东西比意志更由我们支配了（参见 *De lib. ar.* I.86）："我们只是必须意愿具有一个好的意志。"当然，我们需要记得，这恰恰就是爱比克泰德的学说：我们无法选择哪些事情会在这世界上发生，但我们确实可以选择哪些事情是我们所意愿的，可以选择我们想要具有什么样的意志。无论是对爱比克泰德还是对奥古斯丁来说，这并不意味着我们所具有的这个选择是自由的。

这一点对奥古斯丁来说是清楚的，因为他也明确地告诉我们（II.205），尽管我们一度自由地做了导致自己堕落的事情，但我们并不是自由地去做那些能令我们重获最初的自由状态的事情。一旦堕落，我们就无法自由地解放自己。只有神才能将我们从堕入的罪孽中解救出来（II.143）。我们的复原将要求一种彻底的转变，要求我们背离自我奴役加诸我们的东西，并转向我们在犯下罪错时已经偏离的善。这种转变至少要求一个好的意志，即正确地行动、出于正确的动机去做正确之事的意志。但是在奥古斯丁看来，只要我们受到了奴役，在没有神恩的情况下，我们甚至无法意愿去具有一个好的意志——即使没有什么东西比意志更由我们支配。而且，不用说，仅仅具备"有一个好的意志"的意愿实际上并不等于具有一个好的意志，而具有一个好的意志实际上也不等于有能力以最好的意图来做自己意愿做的事情。因此，即使具有一个好的意志，也只是一个开端而已。

在《忏悔录》(VIII.5-9)中，奥古斯丁生动地将这种情况描绘为两个意志——新的意志和之前受奴役的意志——之间的战斗。唯有全心全意、毫不动摇、毫不妥协，新的意志才有机会克服旧的意志。但即便如此，我们原来享有的自由也没有恢复，因为在我们的余生当中仍然会有一场持久的战斗。实际上，我们在做正确的事情时依然存在极大的困难，而且即使我们想尽办法，也无法全然出于正确的理由而去做正确的事情。

于是，我们在这里就看到了奥古斯丁与奥利金之间的一个主要差别，它来自如下事实：奥古斯丁的观点和斯多亚学派一样，但是与奥利金不同；奥古斯丁认为，只要犯了罪，我们的一切自由就被否决了。这个差别体现在奥古斯丁和奥利金对于保罗的几段话所给出的不同理解之中，例如《罗马书》(*Ep. ad Rom.* 9.6)和《腓利比书》(*Ep. ad Phil.*

2.13），这几段话似乎否认我们具有自由意志，并将行动和意愿都归于上帝。我们已经看到，奥利金如何打算借助斯多亚学派的普遍神意学说来接受以下观点：我们在外部世界中的行动在某种意义上都是上帝的作为，因为只有当我们的行动符合上帝的计划，上帝才允许我们获得成功。但是奥利金非常不愿意接受保罗的主张，即认为我们的意愿也是上帝的意愿。我们已经看到，他是如何徒然地解释说，保罗提出了一些说法来维护我们的意志自由，即便不是行动的自由。然而，奥古斯丁毫无困难地接受了保罗的主张。他认为，即使我们设法在堕落的状态中去意愿正确的事情，也只有通过神恩才能做到这一点，因为上帝用这样一种方式来安排事物，从而令我们想要或意愿正确的事情。在这个意义上，奥古斯丁也认为我们的行动和意愿都属于上帝。因此，上帝能够用这样一种方式来安排事物，从而令我们当中的一些人能够受到引导，想要具有一个好的意志，想要将自己从奴役中解放出来并在我们的挣扎当中取得成功。

　　这是奥古斯丁在《忏悔录》（VIII.12）中的皈依故事：上帝令一个孩童的声音喊着 tolle, lege! tolle, lege（拿起来读！拿起来读），有一本保罗的书信集就放在那里，他打开书，随机翻到《罗马书》（13∶13）——"行事为人要端正，好象行在白昼，不可荒宴醉酒；不可好色邪荡；不可争竞嫉妒。"上帝用这样一种方式来安排事物，从而令奥古斯丁终于明白，唯有通过基督才会获得自由。但是只要我们已经受罚而失去了自由，上帝就没有义务用这样一种方式来安排事物以令我们重获自由。如果他这样做,那也是通过一种纯粹的恩典,而不是由于我们自身的功绩,既不是出于我们自身的意愿,也不是出于我们自身的行动。

如果要对奥古斯丁的原创性做一个判断,关键之处是要看到,他之所以不同于奥利金,至少部分原因就在于——与奥利金不同,他继承了斯多亚学派的一个观点,即我们完全丧失了自由。按照这个斯多亚式的观点,就像我之前所阐明的,人的恶意和愚蠢都不是上帝施行神圣计划的障碍,因为人类遭受的奴役是自我招致的。上帝要做的,不过是用这样一种方式来安排事物,以便令人类有意志去做他想要他们去做的事情。既然这个选择或赞同并非自由做出,而是受到约束的,上帝就必须将人置于意志迫使他们给予赞同的状况之中。因此,即使按照斯多亚学派的这个理论,在受到奴役的人那里,意愿和行动也都是属于上帝的。

但是我们也需要记得,奥古斯丁对保罗的解释看起来很像维克多里努斯的解释。遗憾的是,维克多里努斯对保罗《罗马书》的注疏佚失了。不过,我们确实有他对《腓利比书》所做的评注,所以也就保留了他对那些颇令奥利金为难的文段之一(*Phil.* 2.13)所做的评注。[14] 在这个评注中,维克多里努斯采取了如下见解:正如保罗所说,上帝在我们内心运行,从而不仅令我们意愿他想要我们去做的事情,而

---

[14] 在牛津修订版英语《圣经》(Oxford,1989)中,保罗的这段文本是这样说的:"因为你们立志行事都是神在你们心里运行,为要成就他的美意。"维克多里努斯是保罗的使徒书信最早的拉丁语评论者。

且也用这样一种方式来安排世界,以令我们的意愿有效,也就是说,令我们可以设法完成行动。因此,对维克多里努斯来说,意愿和行动都已经属于上帝。因此,即使我们做了令自己得救之事,这事情也来自上帝对我们的意志和环境所做的调节。我们也需注意,在奥古斯丁迄今为止所提出的论述中,并没有唯意志论的痕迹。诚然,我们可以意愿具有一个不同的意志,我们也可以意愿具有一个好的意志。但这并不取决于一个唯意志论的意志概念,而取决于以下事实:在我们所处的堕落状态中,我们的意志不再自由,因此上帝可以让我们意愿具有一个不同的意志。

我们可以由此回到让我们失去自由的那个"糟糕行为"。我们要如何解释这个行为呢?在《论意志的自由决断》第二卷的结尾,奥古斯丁声称自己并不知道问题的答案。这个说法可以有不同的理解:可以直接理解为奥古斯丁是在如此晦涩的问题上坦承自己无知,也可以被看作是在承认,正是由于他的一个观念,即在他所设想的最初状态,我们的意志并未受到奴役,他将自己置于困境,所以现在无法对原罪给出说明。但是他所指的显然是别的东西。他想说的是,他不知道答案,是因为没有什么有待于认识或有待于理解的东西。只要一个人在最初的状态自由地选择去错误地行动,他就通过这个行为而将自己置于可理解的理性秩序之外,并做出不可理解的、完全不合理的事情。

在第三卷(第240页及以下),正如我们已经看到的,奥古斯丁试图提出下面这一点来说明原罪:或许人在被创造出来的时候并不愚蠢,但也没有智慧。在这个状态,人就有足够的理解力去倾听和理解上帝的训诫。在这个状态,对人来说,为了获得尚未具有的理解和智慧,遵循这些训诫就是合情合理的(III.244-245)。因此,按照这个假设,如果最初状态下的人尚未具有智慧,他就可能以两种方式犯错:要么未能接受训诫,要么未能遵循训诫(III.246)。

奥古斯丁所提出的这个说明现在看起来很像斯多亚学派的两个理论的混合物。该说明部分地遵循了斯多亚学派对一个问题的论述,即儿童(他们既没有智慧也不愚蠢)是如何通过训诫而成长起来的——他们一旦获得了理性,就能理解那些训诫当中的智慧。[15]这一说明似乎也部分地模仿了波西多尼乌斯对人类堕落的论述(我认为这是波西多尼乌斯的论述)。[16]曾经有过一个黄金时代,当时我们都幸福地生活在自然状态之中,尽管人们那时既没有智慧也不愚蠢,但他们都自由地遵循有智慧者的训诫。那个时候既不需要政治共同体,也不需要世俗的法律或强制约束。但是,人们随后就变得腐败、自私、贪婪、嫉妒、好斗,每个人设法得到的不是共同利益,而是他们在缺乏智慧的情况下认为对自己有益的东西。他们不再自由地跟从有智慧的人。因此,有智慧的人所具有的自然权威就被统治者的政治权威所取代,而后者

---

[15] 弗雷德在这里所想到的大概是 Philo, *Leg. Alleg.* 1.93 (*SVF* 3.519),而这段话很可能来自斯多亚学派。普鲁塔克也主张在教育孩子时使用"训诫"(Plutarch, *De lib. educ.* 12)。

[16] "波西多尼乌斯的论述"暗指的是 Seneca, *Ep.* 90。

是由强制性的法律来支持的。

事实上，奥古斯丁指出，原罪可能就在于，人无法保持全然地关心和热爱善或上帝，从而背离上帝并转向自己，变得迷恋自己并关心自己的善，而不是热爱和关心善本身（III.255；亦可参见 II.199）。对于自身和自身之善的这种不恰当的依恋，也就是奥古斯丁所说的"骄傲"（superbia，III.263）。它是一种不恰当的欲望，与之相对的是灵魂（spirit）想要尊重自己和他人的欲望。

在以上试图解释原罪的尝试之中，又一次没有任何唯意志论的痕迹。显然，按照奥古斯丁的观点，原罪之所以可能，仅仅是因为缺乏智慧，或者至少是因为无法运用智慧。这里并没有什么迹象表明，原罪就在于通过绝对的意志行为而违背上帝的训诫或命令，无论这些训诫或命令是什么。相反，奥古斯丁显然认为，如果原罪就是某种不服从的行动，那么它的罪过就在于，如果一个人尚未获得智慧从而无法自己认识到什么是应该做的（即上帝训诫的内容），那么不遵循上帝的训诫就是非常不明智的，因为上帝既有智慧又是善的。

因此，总的来说，在我看来，奥古斯丁的论述之所以明显不同于奥利金的论述，主要是因为其自由学说比后者更接近斯多亚主义。这令奥古斯丁得以更贴近维克多里努斯所提议的路线，却也令他对原罪的论述背上了一个负担：这个论述似乎不如奥利金的论述令人满意，而且在各个方面都产生了张力，这些张力就算没有令论述本身变得不可理解，也至少有可能使之变得相当不可信，而且极其不自然。

不管我们认为奥古斯丁的论述优点是什么，至少它并非以一个新的自由意志概念作为基础，反倒是极为倚重斯多亚学派的自由意志概念，并因而十分倚重斯多亚学派对于受奴役的意志以及以下问题的说明：在斯多亚学派所设想的宇宙中，神如何运用那个受到奴役的意志来按照神意引导事件进程？他们之间唯一的差别在于，在奥古斯丁那里，这转变为一个关于"恩惠"（grace）的学说——也就是那些从上帝的预先决定中获益的人，他们所受的恩惠。

## 第十章

# 结 论

我们是从以下问题开始探讨的：第一，人们什么时候开始认为人类具有自由意志？第二，用这种方式来思考人类，都涉及哪些方面？第三，为什么人们认为用这种方式来思考人类是有益的？不过，我们还提出了第四个问题：不管古代晚期的人们发现自由意志概念多么有益，这个概念是否从一开始就存在缺陷？我们已经试着对前三个问题给出答案。

自由意志的概念首先出现于公元1世纪的晚期斯多亚主义。我们在爱比克泰德那里清楚地发现了这个概念。

这个概念意味着有能力做出选择和决定，尤其指致使一个人有意愿做某事的选择和决定。这种能力在以下意义上被认为是潜在地或现实地自由的：如果它是现实地自由的，那么，这世界上就没有任何东西、没有任何在我们之外的力量或权力，能够阻止我们通过这种能力来做出所需要做出的选择或决定并由此获得好生活。至少它是一种潜在地自由的能力，因为一个人原则上能够获得这种自由。我们具有一个实际上自由的意志，取决于我们没有让自己受制于这个世界并且用这种方式来给予这个世界，取决于那些制约着这个世界、支配着我们甚至支配着我们的选择和决定的权力和力量。

这个概念之所以被认为是有益的，是因为有一种普遍却模糊的恐惧，特别是进入古代晚期的时候，用普罗提诺的话说，那就是"我们可能什么都不是"（*mē pote ouden esmen*，《九章集》VI.8.1.26-27），而且在根本上无法控制自己的生活。有一个信念加深了这种恐惧，即我们生活在一个充满力量和权力的世界，其中很多力量和权力是我们看不到的，所以似乎也就没有多大空间去自由地追求我们自己的利益。这些力量或是盲目的，或是追求自身利益而罔顾我们的利益，抑或是一些完全抱有敌意和恶意的力量，试图欺压、束缚或引诱我们。斯多亚学派在很大程度上促使人们对这种恐惧产生了敬畏之心，因为他们发展了一套理论，认为这世上所发生的一切——包括我们的行动——都是按照神圣的天意安排而发生的。这样一来，他们似乎就特别需要说明，这样一种缜密的、神圣的天意秩序是如何与人类自己的选择相容的。他们试图借助其"自由"和"自由意志"学说来回答这个问题。

柏拉图主义者和漫步学派的人采纳了意志、自由和自由意志的概念，加以适当修改以适应他们的理论。而那些特别渴望采纳自由意志学说的人则是基督徒。我已经试图表明其中的原因。他们与斯多亚学派持有同样的观点，即整个世界，哪怕是最微小的细节，都是由一个神圣的天意秩序来支配的。因此他们也不得不说明这如何能够为人类的自由留下空间。

不过更加重要的是，他们内部往往会有一些理论，认为我们生活于其中的这个世界，其秩序之所以不能归于最高的神，恰好是因为它完全妨碍我们之中许多人获得好的生活，而其他人则不会错失好生活。

我们发现，在回答这类观点的时候，基督徒完全没有发展出他们自己特有的自由意志学说，更不用说提出全新的观点了。他们在很大程度上依赖于斯多亚学派的观点。不过，奥利金的立场与斯多亚学派的观点颇为不同，因为他假设所有人实际上都是自由的并且能够保留某种程度的自由。奥古斯丁又和奥利金不同，但并非因为他离斯多亚主义更远，而是因为他比奥利金更推崇斯多亚主义。在某种程度上说，奥古斯丁可能是在保罗的影响下选择了这条路径。不过他认为我们在缺乏自由的情况下不能具有自己的意愿（相对于因为神恩而具有的意愿），这仍然是斯多亚学派的见解。由于奥古斯丁对后世的影响，这个见解在西方对教会学说的发展具有极为重要的意义。假若我们看看处于公元7世纪到8世纪之交、生活在东方的大马士革的约翰，就会对此有所体会：大马士革的约翰对意志提出了很多论述，但他已经远离斯多亚主义，转而倚重某种柏拉图主义的观点，而后者则由亚里士多德伦理学的诸多见解加以丰富。[1]

---

[1] 参见弗雷德在如下论文中的讨论："John of Damascus on Human Action, the Will, and Human Freedom," in K. Ierodiakonou, ed., *Byzantine Philosophy and Its Ancient Sources* (Oxford, 2002), 63-96。该文集的编者如此概述弗雷德的研究："[弗雷德] 的关注点……尤其在于（转下页）

这里我并不想转而讨论奥古斯丁的观点所产生的重大历史影响，而是想要设法解释，至少是简要地说说我在一开始提出的最后一个问题：这个自由意志概念从一开始就存在缺陷吗？从以下意义来看，我认为答案是否定的。

在我们讨论过的所有重要的古代哲学家之中，只有阿弗罗蒂西亚的亚历山大逼着自己接受了一个自由意志概念，它非常接近于当今哲学家所批评的那种自由意志。在我看来，之前讨论过的其他所有作者都对"自由意志"抱有一些看法，我们或许会出于充分的理由而不愿接受这些看法，但是它们似乎并不像亚历山大的自由意志概念，或者类似的概念那样存在缺陷。相反，如果从一个足够抽象的层面来看，如果不考虑那些反映其特定历史环境的特殊之处，那么它们似乎多少还是共享了一个特点，而我觉得这个特点很有吸引力。这些看法都涉及以下观念：为了拥有好的生活，一个人必须有能力做出这种生活所要求的选择。它们也同样涉及以下想法：一个人之所以不能做出这些选择，是因为他形成了错误的信念或者不合理的依恋和厌恶，这与他必须做出的选择彼此冲突。正是由于具有了这些错误的信念以及不恰当的依恋及厌恶，一个人就不能自由地做出他本该合理地想要做

---

（接上页）［约翰］将一个意志概念整合到亚里士多德道德心理学和行动理论中的尝试。这里的问题不仅是要说明，如果人迟早会犯罪，上帝为什么还要创造人，而且还要对'我们最终如何做出一个选择'提出更好的理解。按照弗雷德的说法，约翰有关人类自由的论述在某些方面很新颖，而且其中的新颖之处对于托马斯·阿奎那产生了重要的影响，并由此影响了传统西方哲学中关于'意志'的思想的进一步发展。"（11-12）

出的选择。因此，为了自由，为了具有自由意志，我们就必须将自己从这些错误信念当中解放出来，从那些依恋和厌恶之中——它们在实在当中缺少根据——解放出来。而且，我们之所以能够这样做，是因为这个世界并没有完全将这些信念、依恋和厌恶强加于我们。

在我看来，这并不是一个根本上有缺陷的思想，但是如果不能适当加以发展，它也说不上是一个好思想。然而，说明这一点并不是历史学家的任务。

# 缩略语

| | |
|---|---|
| *Acad.* | Cicero, *Academica* |
| *Adv. baer.* | Irenaeus, *Adversus baereses* |
| *ANRW* | *Aufstieg und Niedergang der römischen Welt* |
| *CC* | Origen, *Contra Celsum* |
| *CD* | Augustine, *De civitate Dei* |
| *Conf.* | Augustine, *Confessions* |
| *De an.* | Aristotle, *De anima* |
| *De lib. ar.* | Augustine, *De libero arbitrio* |
| *De princ.* | Origen, *De principiis* |
| DL | Diogenes Laertius, *Lives and Doctrines of Eminent Philosophers* |
| *EN* | Aristotle, *Nicomachean Ethics* |
| *Enn.* | Plotinus, *Enneads* |
| *Ep.* | Seneca, *Epistulae morales* |
| *Fat.* | Alexander of Aphrodisias, *De fato* |
| *HE* | Eusebius, *Ecclesiastical History* |
| *PE* | Eusebius, *Praeparatio Evangelica* |

| | |
|---|---|
| LS | A. A. Long and D. N. Sedley, *The Hellenistic Philosophers* (Cambridge, 1987) |
| *PG* | *Patrologia Graeca* |
| *Phd.* | Plato, *Phaedo* |
| *PHP* | Galen, *On the Doctrines of Plato and Hippocrates* |
| *Rep.* | Plato, *Republic* |
| *Retr.* | Augustine, *Retractiones* |
| *Tim.* | Plato, *Timaeus* |
| Stob., *Ecl.* | Stobaeus, *Eclogae* |
| *SVF* | *Stoicorum Veterum Fragmenta*, ed. H. von Arnim (Leipzig, 1903-1905) |
| *VP* | Porphyry, *Vita Platonis* |

# 参考文献

Alberti, A., and R. W. Sharples, eds. *Aspasius: The Earliest Extant Commentary on Aristotle's Ethics.* Berlin, 1999.
Armstrong, A. H. "Two Views of Freedom." *Studia Patristica* 18 (1982): 397–406.
Bobzien, S. *Determinism and Freedom in Stoic Philosophy.* Oxford, 1998.
Boys-Stones, G. "Human Autonomy and Divine Revelation in Origen." In S. Swain, S. Harrison, and J. Elsner, eds., *Severan Culture,* 488–99. Cambridge, 2007.
Brisson, L., and M. Papillon. "Longinus." *ANRW* II 36, no. 1 (1994): 5214–99.
Brittain, C. *Philo of Larissa.* Oxford, 2001.
Broadie, S. *Ethics with Aristotle.* Oxford, 1991.
Bullard, R. A., and R. Layton. "The Hypostasis of the Archons." In J. M. Robinson, ed., *The Nag Hammadi Library in English,* 161–69. San Francisco, 1988.
Burnyeat, M. "Platonism in the Bible: Numenius of Apamea on *Exodus* and Eternity." In R. Salles, ed., *Metaphysics, Soul, and Ethics in Ancient Thought,* 143–70. Oxford, 2005.
Cooper, J. "Posidonius on Emotions." In J. Cooper, *Reason and Emotion,* 449–84. Princeton, N.J., 1999.
Crouzel, H. *Théologie de l'image de Dieu chez Origène.* Paris, 1956.
Dihle, A. *The Theory of Will in Classical Antiquity.* Berkeley, Calif., 1982.
Dillon, J. *The Middle Platonists.* London, 1977.
Dobbin, R. "Proharesis in Epictetus." *Ancient Philosophy* 11 (1991): 111–35.
Edwards, M. J. "Ammonius, Teacher of Origen." *Journal of Ecclesiastical History* 44 (1993): 1–13.
Ferguson, J. *Pelagius: A Historical and Theological Study.* Cambridge, 1956.
Frede, M. "Celsus philosophus Platonicus." *ANRW* II 36, no. 7 (1994):

5183–5213.

———. *Essays in Ancient Philosophy*. Minneapolis, Minn., 1987.

———. "Galen's Theology." In J. Barnes and J. Jouanna, eds., *Galien et la philosophie. Entretiens sur l'antiquité classique de la Fondation Hardt*, 49:73–129. Vandoeuvres, Switz., 2003.

———. "John of Damascus on Human Action, the Will, and Human Freedom." In K. Ierodiakonou, ed., *Byzantine Philosophy and Its Ancient Sources*. Oxford, 2002.

———. "Monotheism and Pagan Philosophy in Late Antiquity." In M. Frede and P. Athanassiadi, eds., *Pagan Monotheism in Late Antiquity*, 41–69. Oxford, 2006.

———. "Numenius." *ANRW* II 36, no. 2 (1987): 1034–75.

———. "On the Stoic Conception of the Good." In K. Ierodiakonou, ed., *Topics in Stoic Philosophy*, 71–94. Oxford, 1999.

———. "Origen's Treatise against Celsus." In M. Edwards and M. Goodman, eds., *Apologetics in the Roman Empire*, 131–56. Oxford, 1991.

———. "The Stoic Conception of Reason." In K. J. Boudouris, ed., *Hellenistic Philosophy*, 2:50–63. Athens, 1994.

———. "The Stoic Doctrine of the Affections of the Soul." In M. Schofield and G. Striker, eds., *The Norms of Nature*, 93–112. Cambridge, 1986.

———. "Stoics and Skeptics on Clear and Distinct Impressions." In M. Burnyeat, ed., *The Skeptical Tradition*. Berkeley, Calif., 1983.

Frede, M., and D. Charles, eds. *Aristotle's "Metaphysics" Lambda: Symposium Aristotelicum*. Oxford, 2000.

Gauthier, R. A. *Aristote: L'éthique à Nicomache* 1.1, 2d ed. Louvain, Belgium, 1970.

Graver, M. "Philo of Alexandria and the Origin of the Stoic προπάθειαι." *Phronesis* 44 (1999): 300–25.

———. *Stoicism and Emotion*. Chicago, 2007.

Hadot, P. *Marius Victorinus*. Paris, 1971.

Hankinson, R. J. "Determinism and Indeterminism." In K. Algra, J. Barnes, J. Mansfeld, and M. Schofield, eds., *The Cambridge History of Hellenistic Philosophy*, 513–41. Cambridge, 1999.

Harrison, S. *Augustine's Way into the Will: The Theological and Philosophical Significance of* De libero arbitrio. Oxford, 2006.

Inwood, B. *Ethics and Human Action in Early Stoicism*. Oxford, 1985.

Kahn, C. H. "Discovering the Will: From Aristotle to Augustine." In J. M. Dillon and A. A. Long, eds., *The Question of "Eclecticism": Studies in Later Greek Philosophy*. Berkeley, Calif., 1988.

Kenny, A. *Aristotle's Theory of the Will.* New Haven, Conn., 1979.

Kidd, I. G. "Posidonius on Emotions." In A. A. Long, ed., *Problems in Stoicism*, 200–15. 1971. Reprint, London, 1996.

Koch, H. *Pronoia und Paideusis: Studien über Origenes und sein Verhältnis zum Platonismus.* Berlin, 1932.

Kretzmann, N., A. Kenny, and J. Pinborg, eds. *The Cambridge History of Later Medieval Philosophy.* Cambridge, 1982.

Leroux, G. *Plotin. Traité sur la liberté de la volonté de l'Un.* Paris, 1990.

Long, A. A. *Epictetus: A Stoic and Socratic Guide to Life.* Oxford, 2002.

———. *Hellenistic Philosophy: Stoics, Sceptics, Epicureans*, 2d ed. Berkeley, Calif., 1986.

———. *Stoic Studies.* Berkeley, Calif., 1996.

Long, A. A., and D. N. Sedley. *The Hellenistic Philosophers.* Cambridge, 1987.

Mansfeld, J. "The Idea of the Will in Chrysippus, Posidonius, and Galen." In *Proceedings of the Boston Area in Ancient Philosophy* 7 (1991): 107–57.

O'Connell, R. J. *The Origin of Soul in St. Augustine's Later Works.* New York, 1987.

Patterson, L. G. *Methodius of Olympus: Divine Sovereignty, Human Freedom, and the Life of Christ.* Washington, D.C., 1997.

Pearson, B. A. *Gnosticism, Judaism, and Egyptian Christianity.* Minneapolis, Minn., 1990.

Robinson, J. M., ed. *The Nag Hammadi Library in English.* San Francisco, 1988.

Ross, W. D. *Aristotle.* London, 1923.

Ryle, G. *The Concept of Mind.* London, 1949.

Sharples, R. W., ed. *Alexander of Aphrodisias on Fate.* London, 1983.

Sinkewicz, R. E. *Evagrius of Pontus: The Greek Ascetic Corpus.* Oxford, 2003.

Sorabji, R. *Self.* Oxford, 2006.

Walzer, R. *Galen on Jews and Christians.* Oxford, 1949.

Williams, B. *Shame and Necessity.* Berkeley, 1993. Reprint with a new foreword by A. A. Long, Berkeley, 2008.

# 索引

（所标页码为原书页码，即本书边码）

*akrasia*，不自制，22-23，29，32，52，57

Alexander of Aphrodisias，阿弗罗蒂西亚的亚历山大，15，57，58，91，95-101，107，121，134-135，142，143，177-178

Ambrose，安布罗斯，155

Ammonius Saccas，阿莫尼乌斯·萨卡斯，105，128n5

animal behavior，动物行为，16，25，33-36，50-51，53，57，74，98

Aquinas, Thomas，托马斯·阿奎纳，53

*archontes*，主导者 / 统治者，11，161

Aristotelians，亚里士多德主义者，48-49，52，55，57-58，74，89，103，132，157-158，176

Aristotle，亚里士多德，2-5，19-35，42，45-46，49-52，57，58，61，67-68，72，86，87，94，97，98，109，115，127，133，136，139，145，147，150，153，156-157

Armstrong, A. H.，阿姆斯特朗，150-151

assent，赞同，36-37，40-48，49，52-53，56，57-58，60，62，80-82，91，93-97，108，110，112，123，158，168，171

Augustine，奥古斯丁，10，64-65，114，122，153-174，177

*autexousion*，自主能力 / 自由，74-75，96，102，104，113，121

Basilides，巴希里德斯，116，117n31，118

Basil of Caesarea，凯撒利亚的巴希尔，106，115

belief，信念，12，20-23，26，32-33，38-41，43，47-48，49-51，54-55，59，75，83，87，136，157，158-159，178

*boulēsis*，想望 / 意愿，8，19，42-43，46

Calcidius,卡尔西迪乌斯,58
Carneades,卡尔尼亚德斯,91-95
Celsus,凯尔苏斯,104
choice,选择,7-9,14,17,23-31,45-48,50,57,62,65,76,85,87-88,94,100,108,123,128,140,149,158,161-162,167,175-176,178
Christianity,基督教,3,10,18,19,74,89,102-108,113-118,120,122,124,125-130,143-144,145,150-151,153-156,176-177
Chrysippus,克里西普斯,38,46,53,67,81-82,90,93,95,98,121
Cicero,西塞罗,25,37,91,154
Clement of Alexandria,亚历山大的克莱门,104
conflict of desires,欲望的冲突,22-24,42,59
Cooper, J.,库珀,53

daemons,精灵/魔鬼,17,63-65,104,110,121-122
Damascius,达玛西乌斯,111
demiurge,工匠神,11,70,127-128
Democritus,德谟克利特,12-13
desire,欲望,12,20-27,33-35,42,50-51,54,56-58,62-63,68,75,94,97,117,135-138,141,157
desires of reason,来自理性的欲望,20-22,24,42,135-136,157
determinism,决定论,11-15,28,77-78,90,97,100,103,114,119,120
Dihle, A.,迪勒,5-6,98,127-128,157

eleutheria,eleutheros,自由,9,66-67,96,107,113
embodiment,具身化,110-111,138-139,143
emotions,情感,33,40-41,55
enslavement,奴役,9-10,67-69,77-78,85,135,141,142,165-171,174,176
eph'hemīn,取决于我们,27-29,45-47,57,90-91,95-97,104,112,117,133-134,168
Epictetus,爱比克泰德,44-47,69,74,76-83,89,113,121,157-158,168,175;God in,爱比克泰德论神,76-80,126
Epicurus,伊壁鸠鲁,12-13,90,92,94,127
epithymia,基本欲望/欲求/身体欲望,21,43,51,136
Eusebius,尤西比乌斯,111,114
Evagrius Ponticus,伊瓦格里乌

斯·庞提库斯，60，61n15

faith，信仰，157，159
fall, the，堕落，110，116，122-124，162，167-168，170-171
fate，命运，见"determinism"条目
freedom: as ability to choose otherwise，自由作为做出其他选择的能力，97-101，121，130，142; as absence of external constraint，自由作为缺乏外在约束，10-11，25，42-43; as autonomous action，自由作为自主的行动，67，74，90，148-149; Alexander on，亚历山大论自由，96-97，100，142; Augustine on，奥古斯丁论自由，161-163，166-167，169-171，173; Origen on，奥利金论自由，105，107，111-112，115，120; Plotinus on，普罗提诺论自由，130-133，135，137-139，141-143，145，148; Stoics on，斯多亚学派论自由，66-68，74-75，86，96，135
freedom, political notion of，自由的政治概念，9-10，66
free will, and responsibility，自由意志与责任，18; in Augustine，奥古斯丁所说的自由意志与责任，159-162，167，174; in early Christian literature，早期基督教文献中的自由意志与责任，102-104，108，120，125-126; in Origen，奥利金所说的自由意志与责任，103，105-107，111，113，115，119，121，125-126; in Stoicism，斯多亚主义的自由意志与责任，76-78，85-87，103，113，120，174; modern objections to，对自由意志与责任的现代异议，3-5; not in Aristotle，亚里士多德没有提及自由意志，19-30，86; schema of，自由意志与责任的图式，7-8，16-18，77

Galen，盖仑，53，127-128
Gnosticism, Gnostics，诺斯替主义，诺斯替教徒，11，113-119，160
God, in Aristotle，亚里士多德所说的神，28; in Plotinus，普罗提诺所说的神，130-132，143-151; in Stoicism，斯多亚主义所说的神，14，39，45，69，74，84-85，89，138，143，154，159
good, the，善，109-110，121，129，130，132，141
good life，好生活，9-11，14，16-17，27，43，44，74，77，138，161，175-176，177-178

grace, divine, 神恩, 160-161, 169-170, 174, 177

Gregory Nazianzus, 拿先斯的格列高利, 106, 115

Gregory of Nyssa, 尼撒的格列高利, 106, 114, 122

Gregory Thaumaturgus, 显灵迹者贵格利, 106

human nature, 人的本性/人性, 16, 30, 35-36, 75, 81, 85, 93, 130-131, 147

impressions, 印象/印像（斯多亚学派的说法）, 35-48, 53-55, 57-64, 80-81, 84, 93-95, 108, 110, 112, 136, 158

indifference, 无关善恶, 不受影响, 33, 43, 67

intellects, in Origen, 奥利金所说的理智, 108-110, 122-124, 162, 165-166; in Plotinus, 普罗提诺所说的理智, 130, 141-143, 144, 147-150

Irenaeus, 爱任纽, 11

John of Damascus, 大马士革的约翰, 10, 93n2, 177

Judaism, 犹太教, 11, 117, 125-130, 143, 150-151, 156

justice, 正义, 115, 117

Justin Martyr, 殉道者游斯丁, 74, 102, 104, 155

Longinus, 朗吉努斯, 56-57, 111

Manichaeans, 摩尼教徒, 159-161

Marcellus of Ancyra, 安喀拉的马塞卢斯, 111

Marcion, 马西昂, 114, 116, 118

Marius Victorinus, 马里乌斯·维克多里努斯, 155, 172, 173

Maximus the Confessor, 信者马克西姆, 93n2

Methodius, 梅索迪乌斯, 106

mind, notions of, 心灵的概念, 19, 34-35, 38-39, 64, 79, 109

monotheism, 一神论, 143

Moses, 摩西, 127, 129

Musonius Rufus, 穆索尼乌斯·卢弗斯, 74

nature, 本性/自然, 15-16, 28, 35, 38, 43, 63, 76-77

Nemesius of Emesa, 爱米撒的内米西乌斯, 19

nonrational desires, 无理性的欲望, 21-26, 29, 31-32, 35, 42, 57-59, 63, 135

Numenius, 努默尼乌斯, 56, 128-129

O'Connell, R. J., 奥康奈尔, 163
One, the Plotinian, 普罗提诺的太一, 130-132
Origen, 奥利金, 60, 68-69, 103-124, 129, 139, 156, 157, 161-163, 165-166, 169, 170-174, 177
original sin, 原罪, 164, 168, 172-173

Pamphilius of Caesaria, 凯撒利亚的潘菲利乌斯, 106
Pantaenus, 潘泰努斯, 104
paradoxes, Stoic, 斯多亚隽语, 66
Paul, St., 保罗, 115, 119-120, 155, 164, 169-171, 173, 177
Pelagianism, 贝拉基教派学说, 160
Peripatetics, 漫步学派, 见"Aristotelians"条目
*Phantasia*, 印像/印象, 35, 37, 52, 58
planets, 行星, 13, 17, 28, 76
Plato, 柏拉图, 2, 19-22, 29, 32, 34, 42, 56-57, 58, 61, 72, 87, 108, 109, 124, 127-128, 131, 136, 139, 145, 153, 156-157
Platonism, Platonists, 柏拉图主义, 柏拉图主义者, 18, 48-49, 52, 55-59, 74, 89, 103, 104, 105, 109-110, 111, 120, 122, 124, 128-129, 130, 143, 145-146, 150, 154-155, 157-158, 163, 176-177
pleasure, 快乐, 35-36, 51-52, 61-62
Plotinus, 普罗提诺, 56-57, 62-63, 105, 128-152, 154, 163, 176
Porphyry, 波斐利, 56-57, 58, 105, 111, 143, 154-155
Posidonius, 波西多尼乌斯, 53-56, 172
*prohairesis*, 选择/决定/意志, 8, 23, 26, 44-46, 69, 113, 119
*propatheia*, 最初的激情/初始激情, 40, 55-56, 60
propositional content, 命题内容, 37-38, 41
providence, 神意/天意, 14, 18, 39, 45, 90, 103, 115-116, 119, 138, 139, 169, 170, 176

reason, 理性, 20-27, 29, 32, 34-37, 41, 49-55, 57-63, 73, 75, 104, 109, 136-138, 172
responsibility, 责任, 3-4, 18, 24-26, 33-34, 46, 67-68, 90-91, 94, 96, 98, 107, 121, 134, 168
Ross, W. D., 罗斯, 2-4

Rufinus，鲁斐努斯，105
Ryle, G.，赖尔，4

Seneca，塞涅卡，55
slavery，奴隶制，见"enslavement"条目
Socrates，苏格拉底，21-22，29，32
Stoicism，斯多亚主义，3，14，18，19，21，29，32-48，49-50，53，59，61，66-88，103，109，112-113，114，120-122，126-127，130，135，137，139，154-156，157，165-168，170，172-174，176-177
soul in Christian thought，基督教思想中的灵魂，107，162-163，165; in Plotinus，普罗提诺所说的灵魂，131-132，136n13，138-141，143，149
soul, parts of，灵魂的各个部分，21，31-35，48，49-53，56，58，61，64，124，138

Tatian，塔提安，102-104，107，120
transcendence，超验，144，154
truth，真理，21，41，84，87-88，108，110，124，131，141，144-145

up to us，取决于我们 / 由我们来决定，见"*eph'hemīn*"条目

Valentinus，瓦伦提乌斯，114，116，118
virtue，美德，16，26，29，33，50，54，97-100，122，138-141，143，146，149，164-167
*voluntas*，意志，9，20

wanting，想要，4，9，20
will，意志 / 意欲 / 愿意（亚里士多德的说法）; emergence of in Stoicism，意志在斯多亚主义中的出现，42-48，157-159; in Augustine，奥古斯丁所说的意志，155-156，159，167，169，171; in Origen，奥利金所说的意志，108，110，120，123; in Platonists and Aristotelians，柏拉图主义者和亚里士多德主义者所说的意志，59，157; in Plotinus，普罗提诺所说的意志，129-130，149-150; in Thomas Aquinas，托马斯·阿奎纳所说的意志，53; minimal notion of，最低限度的意志概念，7-8; not in Aristotle，亚里士多德并不具有意志概念，26-27，156; terms for，表示意志的措辞，20
willing，意愿，in Aristotle，亚里

士多德所说的意愿，26-27，45，156；in Plotinus，普罗提诺所说的意愿，134，136，140，148，150；in Stoicism，斯多亚主义的意愿，42-43，45-48

wisdom，智慧，11，29，33，40-41，43，54，66，68，74，75，77，79-80，87，90，96，100，121，122，137-141，143，146，149，164-167，172-173

world, best possible，可能存在的最好世界，18，72，78-79，126-127

Zeno，芝诺，37-38

# 译后记

　　自由意志问题一向是哲学领域最重要、最困难也最富争议的问题之一。之所以重要，是因为它不仅决定了我们如何理解"自由""控制"或"自我决定"这些与人类的实际生存处境息息相关的概念，而且也涉及对于人类本性以及世界之本质的形而上学理解。按照《斯坦福哲学百科全书》"自由意志"词条的说法，只要我们试图探讨自由意志问题，实际上就不得不同时思考很多相关的哲学问题，例如因果性、自然规律、时间、实体、本体论还原或涌现、因果说明与基于理由的说明之间的关系、动机的本质以及人类的本质等。[1] 其中有些问题，例如某些已经被划入当代物理学的问题，被认为超出了当今"哲学"研究的一般范畴，有些则与日常生活相去甚远。然而，只要一个人想要严肃地深入探讨自由意志问题，他或多或少就必须处理对上述问题的理解、思考、阐释与争论，而这也就意味着，对自由意志问题的探究不仅要在最"哲学"的层面，即形而上学或本体论的层面上展开，

---

[1] 参见 O'Connor, Timothy and Christopher Franklin, "Free Will", *The Stanford Encyclopedia of Philosophy* (Spring 2021 Edition), Edward N. Zalta (ed.), URL = <https://plato.stanford.edu/archives/spr2021/entries/freewill/>。

同时也要在最开阔的、融通哲学与科学的视野下进行。

　　自由意志问题自身所具有的这种深度和广度无疑增加了研究和讨论的难度，但是其困难并非仅限于这个层面。自由意志问题实际上是哲学史上最常引起争论也最"无望"获得解决的问题之一，它直接涉及复杂多变的人类生活的各个方面，并因此而具有重要的伦理内涵。一般来说，在评估自由意志的重要性时，我们也必须同时考虑人类伦理生活中一些最为根本的观念与实践，例如对与错、善与恶、美德与恶习、责备与赞扬、奖赏与惩罚。[2] 自由意志问题一方面具有无可比拟的形而上学深度，另一方面又与人类条件、人类心理以及伦理生活的本质紧密相连，因此其困难程度可以说加倍增长。假若我们确实具有自由意志，它是在人类行动和选择的领域中展现出来的；而人类行动往往是一种有目的、有意图的活动，因此既不同于由单纯的物理规律所支配的运动，又不同于非人类动物为了适应环境而采取的行为。正是人类行动所具有的这种特殊性及其心理机制的复杂性，使得我们对于自由意志问题以及与之紧密相关的道德责任问题的探究变得格外困难，以至于我们是否具有自由意志以及在什么意义上或多大程度上具有自由意志都变成该领域中的基础问题，而对这个问题的回答则直接影响了我们对道德责任的认识，并进而影响了我们对人类伦理生活的看法。

---

[2] 参见 O'Connor, Timothy and Christopher Franklin, "Free Will", *The Stanford Encyclopedia of Philosophy* (Spring 2021 Edition), Edward N. Zalta (ed.), URL = <https://plato.stanford.edu/archives/spr2021/entries/freewill/>。

正是由于自由意志问题具有根本的重要性和复杂性，哲学家以及科学家长期以来对该问题的理解和判断都存在巨大的分歧和争议，且目前看来尚无希望能够就某种解决方案达成一致：有人主张人类的一切行动乃至人类所生活的整个世界都是被预先决定的，就此而言人类没有自由意志。有人主张人类具有自由意志和自由选择的能力，并因此能够且应当为自己的行动负责。也有人采取各种版本的折中立场，认为在某种限定和说明下，人类依然能够且应当为自己的选择和行动负责——尽管人类的存在乃至这个世界都是被预先决定的。但是，对于什么样的限定和说明能够使得自由意志和道德责任与因果决定论相容，哲学家和科学家又陷入了无休止的争论。不过，面对当代哲学家在自由意志问题的哲学争论上所陷入的困境，还有一些哲学家采取了思想史的解释思路：他们不是将"自由""意志"以及"自由意志"看作某种有待确证的事实或已经确定的前提，而是将其看作特定的思想观念，看作一种人类借以探讨终极问题的思想工具，看作一系列在长期的历史发展过程中、经过层层叠叠的文化积累而最终得以形成的思想成果。于是，这些哲学家主张通过回归具体的历史语境和思想文本去寻找自由意志在古典思想中的起源，看看人类自身是如何将这个涉及人类本性的概念及其所衍生的终极问题建构出来的。在这类哲学家及其研究著作当中，迈克尔·弗雷德的《自由意志：古典思想中的起源》无疑是最为重要也最值得重视的思想成果之一。

在某种意义上说，在当代哲学家当中，迈克尔·弗雷德可能最适合追问自由意志概念的思想起源。在本书序言和编者前言中,通过戴维·塞德利和安东尼·朗这两位著名的古代哲学研究者所做的简要介绍,[3]我们可以看到,即使在最卓越的同行眼中,弗雷德生前对于古代哲学和古代思想史的研究,无论就其形而上学层面的深刻追问与反思而言,还是就其对古代典籍的文本状况、语言层面的阐释与澄清而言,抑或就其贯通柏拉图、亚里士多德、希腊化哲学与思想乃至教父哲学的广博而言,在古代哲学的研究领域中都少有人能与之比肩。正如弗雷德多年的朋友、同行、本书编者安东尼·朗在前言中所说,"弗雷德对古代哲学的把握,无论就其广博还是精微而言,都是出了名的"。[4]因此,当这样一位兼具文本研究功夫与思想穿透力的学者将目光转向人类的行动与自由,开始"刨根问底"地追究"意志"概念的思想起源时,我们今天耳熟能详并深受困扰的自由意志问题就开始呈现一些新的面向。

[3] 对弗雷德的生平和学术贡献的更详尽的介绍,可参见 J. M. Cooper, "Michael Johannes Frede: 1940-2007", *Biographical Memoirs of Fellows of the British Academy*, XIV, 167-182。该篇文章的网络资源可见 https://www.thebritishacademy.ac.uk/documents/1530/08_Frede_1820.pdf。

[4] 值得一提的是,朗本人对于古代哲学的研究,无论是就其广博还是精微而言,也是出了名的。可以参见其著作 *Hellenistic Philosophy: Stoics, Epicureans, Sceptics* (University of California Press, 1986); *Epictetus: A Stoic and Socratic Guide to Life* (Clarendon Press, 2004); 及其与戴维·塞德利共同编译的 *The Hellenistic Philosophers* (Cambridge University Press, 1987)。已译介出版的中文作品有《心灵与自我的希腊模式》(北京大学出版社,2015 年)。

事实上，对于起源的追问也充满争议与困难。关于自由意志的起源问题，一般来说主要有三种观点[5]：第一种观点以阿尔布莱希特·迪勒为代表，他认为自由意志概念首先源自奥古斯丁的创造与使用。与此相反，第二种观点认为，在古希腊哲学内部，早在柏拉图和亚里士多德那里，就有了关于"意志"和"自由意志"的类似讨论。在本书中，弗雷德直接挑战了第一种观点，认为真正推动自由意志概念发展的人物是晚期斯多亚学派的爱比克泰德，而奥古斯丁后来的思想则受益于对斯多亚式的"自由意志"这一哲学概念的继承。而对于第二种观点，弗雷德在本书开篇就明确提出了不同的判断：他指出，柏拉图和亚里士多德的作品中没有任何迹象表明，他们具有并使用了"自由意志"（甚至"意志"）这个概念，尽管他们（尤其是亚里士多德）通过其他的方式、诉诸其他的概念来探究我们今天诉诸自由意志概念来探讨的问题，并且这种探究在一定程度上可以被认为是有益的、具有启发性的。

弗雷德自己在面对这个问题时则首先转变了提问的方式。正如他在书中反复提到的，他试图解答的，不是"人究竟有没有自由意志""自由意志概念是何时产生的"这样的问题，而是如下问题："在古代，人们从何时开始将人类看

---

[5] 参见本书前言和第一章，以及《斯坦福哲学百科全书》"自由意志"词条：O'Connor, Timothy and Christopher Franklin, "Free Will", *The Stanford Encyclopedia of Philosophy* (Spring 2021 Edition), Edward N. Zalta (ed.), URL = <https://plato.stanford.edu/archives/spr2021/entries/freewill/>。

成具有自由意志？为什么有人会这么想？当有人开始这样来看待人类时，他使用的是怎样的自由意志概念？"[6]以及"用［自由意志］这种方式来思考人类，都涉及哪些方面？为什么人们认为用这种方式来思考人类是有益的""不管古代晚期的人们发现自由意志概念多么有益，这个概念是否从一开始就存在缺陷？"[7]提问方式的转变导致了关注焦点的迁移：在追问起源的过程中，弗雷德将目光转向一直以来备受忽视的希腊化哲学，尤其是斯多亚学派的哲学与道德心理学主张，并在此基础上提出了关于自由意志概念之起源的第三种观点，认为正是爱比克泰德在斯多亚学派道德心理学的基础上，发展形成了一个真正可以被我们明确鉴定为"自由意志"的概念。弗雷德的这个观点无疑极大地改变了我们对于自由意志问题以及古代哲学思想发展脉络的认识，而他的这本书则从斯多亚学派开始讲起，历数意志和自由意志概念在晚期柏拉图主义与漫步学派那里经历的发展与变化，在早期基督教哲学那里激起的回应与争论，直到奥古斯丁最终完成对这个概念的融合与改造。通过描述一个概念在思想史中的旅程与踪迹，弗雷德实际上向我们表明，思想行进的历史并非我们所以为的那样，是按照后人划定的不同历史时期，跳跃地、断裂地前进；相反，在古代与现代、希腊与希腊化、前基督教与早期基督教等一系列划分及其所导致的差

---

［6］ 参见本书第一章，原书第2页。
［7］ 参见本书第十章，原书第175页。

异之间,始终存在着一些很早就已经成形的东西,哪怕只是"自由意志"这样一个概念,而经过不断的修订和发展,这些东西最终以某种方式进入了后世哲学的思想图式中,甚至构成了我们今天理解世界、反思自身的一部分。

  至此,当我们初步理解了弗雷德在本书中所要探究的问题及其所做的回应,我们可能会忍不住问道:对于弗雷德这样一位古代哲学的研究者来说,如此关注意志/自由意志这样一个"非典型的"古代哲学问题(若不是"非古代的"哲学问题的话)有什么意义呢?或者反过来,对于自由意志问题的当代研究和讨论而言,弗雷德所进行的这样一种概念溯源的工作又有什么价值呢?只是具有哲学史的价值吗?对于前一个问题,塞德利在他为本书所作的序言里,已经间接地给出了一个堪称完美的回答,而这个回答又同时涉及我们应当如何理解和评价一位卓越的古代哲学研究者:他可以通过自己对某个主题的研究和阐释而永久地改变人们对于该主题的既有理解——无论那是一个概念、一个问题、一种思想还是一段历史,同时也可以通过自己的思考和写作提升哲学争论的层次,由此为最古老的思想与问题引入全新的视角和重新解读的可能性。而对于后一个问题,或许弗雷德自己在本书中给出了最好的答案——既然我们从古代思想当中继承了很多概念,无论是日常概念还是哲学概念,既然我们今天或多或少地还在以这样或那样的方式来探究和思考这些问题,那么我们就必须问问自己:这样一些概念——比如自由意志——在今天是否依然有用,是否已经变成了一个负担,而不是一种有益于我们理解世界、理解自身处境的工具。而一旦从这样的角度去审视我们所熟知、所接受、所相信的这些概念或主张，我们就会认识到，所有的概念与观点都有其来源，都有其经过建构、发展、改造和融合的历史。哲学的思考没有教条，一切都可以且应该从源头上接受追问和反思。而这可能也是古代哲学研究对于当代哲学发展的意义之一。

需要说明的是，严格来讲，本书并不是一部充分完成的专著，或许弗雷德本人甚至都不会把它算作一本真正意义上的"著作"。因为正如朗所言，这本书尚未经作者本人修订完稿，就由于一次令人悲伤的意外事件而永远停顿在某种"未完成"的状态。因此，在某种意义上说，这本书的出版是以朗为代表的一代学者共同努力的成果。这些学者大多都是当今古代哲学领域中成就卓越、影响深远的前辈学人，他们愿意花费大量精力和时间去努力为已故的朋友和同行修订文字、补充注释和澄清思想。他们在交谈中或文字间提及弗雷德时，毫不掩饰对他的赞赏与认可、怀念与感伤。所有这些，连同弗雷德本人对于古代哲学研究的激情与贡献一道，时时令我们在翻译本书的时候动容并感慨——个体的存在诚然是有限的、偶然的，但是有些东西的确会以更为广阔、更为恒久的方式保留下来，例如对哲学的激情，对朋友的承诺与友爱，以及对于精神世界的永不止息的自由探索。

感谢李猛老师的推荐，令我们有机会翻译这样一本具有特殊意义的书。感谢本书的编辑王晨晨女士，谢谢她一直以来的信任与耐心。本书的翻译由陈玮和徐向东共同完成，其中，徐向东译出了第四至十章的初稿，陈玮译出了其他部分的初稿。我们互相校改了对方的译稿，并由陈玮统校了全书的最终稿。由于本书的文本状况较为复杂，所涉及的问题也颇多难点——最主要的是，由于译者的能力所限，译文中难免有错漏之处，恳请读者诸君见谅！如发现错误或问题，可以发送邮件至 ctt117@zju.edu.cn，日后如有机会，我们一定在修订的时候加以改正。在此，先诚挚地感谢各位对于古代哲学的关注与投入，感谢各位对于译文的理解、包容与慷慨的帮助！

译者
2021 年 7 月
杭州，锦云坊

## "古典与文明"丛书

## 第 一 辑

义疏学衰亡史论　乔秀岩　著
文献学读书记　乔秀岩　叶纯芳　著
千古同文：四库总目与东亚古典学　吴国武　著
礼是郑学：汉唐间经典诠释变迁史论稿　华喆　著
唐宋之际礼学思想的转型　冯茜　著
中古的佛教与孝道　陈志远　著

《奥德赛》中的歌手、英雄与诸神　〔美〕查尔斯·西格尔　著
奥瑞斯提亚　〔英〕西蒙·戈德希尔　著
希罗多德的历史方法　〔美〕唐纳德·拉泰纳　著
萨卢斯特　〔新西兰〕罗纳德·塞姆　著
古典学的历史　〔德〕维拉莫威兹　著
母权论：对古代世界母权制宗教性和法权性的探究
　〔瑞士〕巴霍芬　著

## "古典与文明"丛书

## 第二辑

作与不作:早期中国对创新与技艺问题的论辩 〔美〕普鸣 著
成神:早期中国的宇宙论、祭祀与自我神化 〔美〕普鸣 著
海妖与圣人:古希腊和古典中国的知识与智慧
    〔美〕尚冠文 杜润德 著
阅读希腊悲剧 〔英〕西蒙·戈德希尔 著
蘋蘩与歌队:先秦和古希腊的节庆、宴飨及性别关系 周轶群 著
古代中国与罗马的国家权力 〔美〕沃尔特·沙伊德尔 编

学术史读书记 乔秀岩 叶纯芳 著
两汉经师传授文本征微 虞万里 著
推何演董:董子春秋义例考 黄铭 著
周孔制法:古文经学与教化 陈壁生 著
《大学》的古典学阐释 孟琢 著
参赞化育:惠栋易学考古的大道与微言 谷继明 著